建设工程质量常见问题与防治系列

市政工程质量常见问题与防治280例

主编　马宇鹏
参编　庄景山　朱福庆　邓元明　彭　俊

中国电力出版社
CHINA ELECTRIC POWER PRESS

内 容 提 要

本书包括市政道路工程、市政桥梁工程、市政排水管道工程质量常见问题与防治3大部分，共280多例质量常见问题与防治措施，辅以大量现场照片实例，内容详实，有很好的借鉴、参考和实用价值。

本书可供市政工程技术人员工作中参考应用，可作为质量监督与管理部门、建设单位和工程监理人员控制工程质量的应用手册，也可作为大中专院校、继续教育培训、技能培训等学习教材使用。

图书在版编目（CIP）数据

市政工程质量常见问题与防治280例/马宇鹏主编. —北京：中国电力出版社，2015.6
（2024.1重印）
（建设工程质量常见问题与防治系列）
ISBN 978-7-5123-7688-5

Ⅰ.①市… Ⅱ.①马… Ⅲ.①市政工程－工程质量－质量控制 Ⅳ.①TU99

中国版本图书馆CIP数据核字（2015）第093326号

中国电力出版社出版发行
北京市东城区北京站西街19号 100005 http：//www.cepp.sgcc.com.cn
责任编辑：周娟华 联系电话：010-63412611
责任印制：蔺义舟 责任校对：常燕昆
三河市航远印刷有限公司印刷·各地新华书店经售
2015年6月第1版·2024年1月第6次印刷
700mm×1000mm 1/16·15.75印张·281千字
定价：42.00元

前 言

建设工程质量，事关人民群众切身利益以及生命财产安全，工程项目建设相关的主管部门、建设单位、施工单位、监理单位等，对工程质量的控制与提高，都十分重视。但各地、各企业建筑技术水平不同，人员素质参差不齐，导致工程质量问题在施工中普遍存在，并且量大面广、问题原因复杂多样，因此，质量问题的预防和治理工作难度较大。

住房和城乡建设部针对当前建筑市场和工程质量安全存在的突出问题，发布“建市〔2014〕130号”文件，部署开展“工程质量治理两年行动”的方案，要求在两年治理行动中，突出工程实体质量常见问题治理。要求各级住房和城乡建设主管部门要采取切实有效的措施，从房屋建筑工程勘察设计质量和住宅工程质量常见问题治理入手，狠抓工程实体质量突出问题治理，严格执行标准规范，积极推进质量行为标准化和实体质量管控标准化活动，落实建筑施工安全生产标准化考评制度，全面提升工程质量安全水平，从而使全国工程质量总体水平得到提升，并建立健全长效机制，确保工程质量问题得到有效治理。

为了更好地贯彻落实“工程质量治理两年行动方案”文件要求，从根本上预防和治理工程项目施工过程中出现的各种问题，我们结合建筑工程各分部分项工程、工序施工实际，同时兼顾各地区差异，按照技术先进、经济实用的原则，编制了“建设工程质量常见问题与防治系列”丛书。

本系列丛书把建筑工程施工中最常发生质量问题的工程部位、工序、分项工程等进行细致划分，共例举了现场施工中1200多种质量常见问题，分别对于每一类、每一种工程质量问题的“现象、原因分析、防治措施”等都进行了详细阐述，并辅助以大量的工程做法节点图、现场施工质量问题照片（现场施工实例照片）等进行说明。质量问题的现象直观、明确，原因分析的内容详实、说明清楚，防治措施规范、正确、重点突出、技术先进，对系统、全面地做好工程质量问题防治有很好的指导作用。

本系列丛书共包括4个分册，即《建筑工程质量常见问题与防治400例》《装饰装修工程质量常见问题与防治200例》《安装工程质量常见问题与防治300例》《市政工程质量常见问题与防治280例》。

本书包括市政道路工程、市政桥梁工程、市政排水管道工程质量常见问题与防治3大部分，共280多例质量常见问题与防治措施，内容详实，有很好的借鉴、参考和实用价值。

本书内容完整、丰富，通俗易懂，易学易会，图文并茂，可供市政工程技术人员工作中参考应用，可作为质量监督与管理部门、建设单位和工程监理人员控制工程质量的应用手册，也可作为大中专院校、继续教育培训、技能培训等学习教材使用。

本书在编制过程中，得到了多位专家、学者和现场施工一线技术人员的大力支持，提出了很多十分有价值的意见和建议，提供了大量的参考资料和现场施工图片、实例，在此致以深深的谢意！

由于时间仓促，编者水平所限，难免有疏漏和谬误之处，敬请读者批评指正，以便再版修订。

编　者

目　录

前言

第1部分　市政道路工程质量常见问题与防治

第1章　路基工程 …… 1
1.1　路基填土 …… 1
【问题1】超厚填土 …… 1
【问题2】挟带大块土石块回填 …… 2
【问题3】挟带有机物或过湿土的回填 …… 3
【问题4】带水回填 …… 4
【问题5】回填冻土块和在冻槽上回填 …… 4
【问题6】高填方路基沉降 …… 5
1.2　碾压、夯实 …… 6
【问题7】土路基的压实宽度不到位 …… 6
【问题8】倾斜碾压 …… 7
【问题9】土路基的干碾压 …… 7
【问题10】路基土过湿或有“弹簧”现象 …… 8
【问题11】路基行车带压实度不足 …… 9
【问题12】路基边缘压实度不足 …… 10
【问题13】路基下管道交叉部位填土不实 …… 10
【问题14】不按段落分层夯实 …… 11
1.3　路基工程开裂 …… 11
【问题15】路基纵向开裂 …… 11
【问题16】路基横向裂缝 …… 12
【问题17】路基网裂病害 …… 13
1.4　路堤、路堑 …… 13
【问题18】路堤边坡滑坡 …… 13
【问题19】路堤沉降 …… 14
【问题20】路堤密实度不够 …… 15
【问题21】路堤压实出现“弹簧”现象 …… 16

【问题22】路堑开挖不符合要求 …… 16
【问题23】路堑坍塌 …… 17
第2章 道路基层工程 …… 18
2.1 砂砾基层 …… 18
【问题24】砂砾层级配质量差 …… 18
【问题25】砂砾层含泥量大 …… 18
【问题26】砂砾层碾压不足 …… 19
【问题27】砂砾层级配不均匀 …… 20
2.2 碎石基层 …… 20
【问题28】碎石材质不合格 …… 20
【问题29】干碾压 …… 21
【问题30】嵌缝工序质量差 …… 21
2.3 石灰稳定土基层（垫层） …… 22
【问题31】搅拌不均匀 …… 22
【问题32】石灰土厚度不够 …… 23
【问题33】掺灰不计量或计量不准 …… 23
【问题34】消解石灰不过筛 …… 24
【问题35】土料不过筛 …… 24
【问题36】灰土过干或过湿碾压 …… 24
【问题37】碾压时出现弹簧 …… 25
【问题38】基层横向裂缝 …… 26
【问题39】石灰稳定土底基层裂缝 …… 27
2.4 水泥稳定土（碎石）基层 …… 27
【问题40】水泥稳定土基层裂缝 …… 27
【问题41】水泥稳定碎石基层裂缝 …… 28
2.5 石灰粉煤灰砂砾基层 …… 29
【问题42】含灰量少或石灰活性氧化物含量不达标 …… 29
【问题43】混合料配合比不稳定 …… 29
【问题44】摊铺时粗细料分离 …… 31
【问题45】干碾压或过湿碾压 …… 32
【问题46】基层压实度不足 …… 32

【问题47】碾压成型后不养护 …… 33
【问题48】混合料不成形、弯沉值达不到设计要求 …… 34
【问题49】施工接缝不顺 …… 35
【问题50】施工平整度差 …… 35
第3章　混凝土路面面层工程 …… 37
3.1　混凝土面层缺陷 …… 37
【问题51】板面起砂、脱皮、露骨或有孔洞 …… 37
【问题52】板面平整度差 …… 38
【问题53】混凝土板面出现死坑 …… 38
3.2　混凝土面层裂缝 …… 39
【问题54】胀缝处破损、拱胀、错台、填缝料脱落 …… 39
【问题55】混凝土板块裂缝 …… 42
【问题56】纵横缝不顺直 …… 43
【问题57】相邻板间高差过大 …… 44
第4章　沥青路面面层工程 …… 46
4.1　沥青面层 …… 46
【问题58】路面平整度差 …… 46
【问题59】路拱不正，路面出现波浪形 …… 49
【问题60】路面非沉陷型早期裂缝 …… 49
【问题61】路面沉陷性、疲劳性裂缝 …… 52
【问题62】路面边部压实不足 …… 53
【问题63】路面松散掉渣 …… 53
【问题64】路面啃边 …… 54
【问题65】路面接槎不平、松散，路面有轮迹 …… 55
【问题66】路面泛油、光面 …… 56
【问题67】路面壅包、搓板 …… 56
4.2　路面与细部交接 …… 58
【问题68】检查井与路面衔接不顺 …… 58
【问题69】雨水口较路面高突或过低 …… 59
【问题70】雨水口井周及雨水口支管槽线下沉 …… 60
【问题71】路面与平石、平道牙衔接不顺 …… 61

【问题 72】路边波浪、荷叶边 …… 61
第 5 章 路缘及护坡砌筑 …… 63
5.1 道牙（路缘石）安砌 …… 63
【问题 73】立道牙基础和牙背填土不实 …… 63
【问题 74】立道牙前倾后仰 …… 64
【问题 75】“平道牙”顶面不平不直 …… 64
【问题 76】立道牙外露尺寸不一致 …… 65
【问题 77】弯道、八字不圆顺 …… 66
【问题 78】平石不平，材质差 …… 67
【问题 79】道牙、防撞墩材质差 …… 68
5.2 挡墙砌筑 …… 69
【问题 80】砌体砂浆不饱满 …… 69
【问题 81】砌体平整度差，有通缝 …… 69
【问题 82】砌体凸缝和顶帽抹面空裂脱落 …… 70
【问题 83】护坡下沉、下滑 …… 71
【问题 84】安装预制挡墙帽石松动脱落 …… 71
【问题 85】预制混凝土空心砌块质量低劣 …… 72
【问题 86】挡墙后回填不实 …… 72
【问题 87】附属设施质量差 …… 73
【问题 88】挡墙排水孔不规范 …… 74
第 6 章 人行道、广场及雨水口 …… 75
6.1 铺装人行道及广场 …… 75
【问题 89】薄轻砌块、光滑砌块砌在人行道（或停车场上） …… 75
【问题 90】步道下沉 …… 75
【问题 91】砂浆配合比不准、搅拌不均或稠度过小（过干） …… 76
6.2 雨水口（收水口）及支管 …… 77
【问题 92】雨水口位置与路边线不平行或偏离道牙 …… 77
【问题 93】雨水口内支管管头外露过多或破口朝外 …… 78
【问题 94】支管安装方法不合理 …… 79
【问题 95】支管接长，出现折点或反坡、错口 …… 80

第2部分　市政桥梁工程质量常见问题与防治

第7章　混凝土桥梁基础工程 …… 81
7.1　钻孔灌注桩基础施工 …… 81
【问题96】钻进中坍孔 …… 81
【问题97】钻孔偏斜 …… 82
【问题98】缩孔 …… 83
【问题99】掉钻、卡钻和埋钻 …… 83
【问题100】护筒冒水、钻孔漏浆 …… 84
【问题101】清孔后孔底沉淀超厚 …… 84
【问题102】导管堵管 …… 85
【问题103】埋导管事故 …… 86
【问题104】钻孔灌注桩断桩、缩径 …… 86
7.2　现场吊放钢筋笼入孔 …… 87
【问题105】钢筋笼碰坍桩孔 …… 87
【问题106】钢筋笼放置与设计要求不符 …… 87
7.3　灌注水下混凝土 …… 88
【问题107】导管进水 …… 88
【问题108】导管堵管 …… 89
【问题109】提升导管时导管卡挂钢筋笼 …… 90
【问题110】钢筋笼在灌注混凝土时上浮 …… 90
【问题111】灌注混凝土时桩孔坍孔 …… 91
【问题112】埋导管事故 …… 91
【问题113】桩头浇筑高度短缺 …… 92
【问题114】夹泥、断桩 …… 93
7.4　沉入桩基础施工 …… 94
【问题115】桩顶位移、桩身倾斜 …… 94
【问题116】桩不能沉入 …… 94
【问题117】桩贯入度突然变小或加大 …… 95
【问题118】断桩加固处理 …… 96
7.5　沉井施工 …… 97

【问题119】沉井偏斜 …… 97
【问题120】沉井停沉 …… 98
【问题121】沉井突沉 …… 98
第8章 桥梁工程模板施工 …… 100
8.1 桥梁模板加工、拼装 …… 100
【问题122】现浇结构混凝土面凸凹不平 …… 100
【问题123】模板安装位置偏移，标高差错，模板形状、尺寸有误 …… 100
【问题124】条形模板制作安装缺陷 …… 101
【问题125】定型组合钢模板拼装质量问题 …… 102
【问题126】杯形基础模板制作安装缺陷 …… 102
【问题127】墩柱模板制作安装缺陷 …… 103
【问题128】现浇梁、板模板及支架缺陷 …… 104
【问题129】现浇墙、桥台模板制作安装缺陷 …… 105
【问题130】隔离剂引起的缺陷 …… 106
8.2 混凝土浇筑期模板问题 …… 107
【问题131】跑模 …… 107
【问题132】胀模 …… 108
【问题133】漏浆 …… 109
【问题134】预埋件、预留孔的移位或遗漏 …… 110
【问题135】混凝土层隙或夹渣 …… 111
【问题136】胶囊内模的质量问题 …… 112
8.3 拆模不当 …… 113
【问题137】结构混凝土缺棱、掉角、裂纹 …… 113
【问题138】结构物、构筑物发生断裂、损坏 …… 114
第9章 桥梁钢筋混凝土工程 …… 115
9.1 桥梁钢筋工程 …… 115
【问题139】钢筋品种、型号、规格、数量不符设计要求 …… 115
【问题140】钢筋骨架吊装变形 …… 116
【问题141】露筋 …… 116
【问题142】主筋、分布筋间距不符合设计要求，绑扎不顺直 …… 117

9.2　桥梁现浇混凝土工程 …… 118
【问题143】浇筑顺序失误 …… 118
【问题144】施工缝处理失误 …… 120
【问题145】混凝土内部空洞、蜂窝 …… 121
【问题146】梁板混凝土空洞 …… 122
【问题147】“碱—骨料反应”引起膨胀开裂 …… 123
【问题148】桥梁保护层保护性能不良 …… 124
【问题149】桥梁混凝土结构温度裂缝 …… 124
【问题150】施工因素导致桥梁产生裂缝 …… 127
【问题151】桥梁墩、台常见的裂缝 …… 129
【问题152】混凝土外观质量差 …… 130
第10章　桥梁预应力混凝土工程 …… 132
10.1　先张法预应力混凝土梁、板施工 …… 132
【问题153】预应力钢丝发生断丝 …… 132
【问题154】构件顶面及侧面垂直轴线的横裂缝 …… 132
【问题155】梁、板肋端头劈裂 …… 133
【问题156】梁腹侧面水平裂缝 …… 134
【问题157】孔内露筋 …… 134
【问题158】梁、板预拱度超标 …… 134
【问题159】梁拱度偏差大 …… 135
10.2　后张法施工预应力混凝土结构施工 …… 136
【问题160】预留孔道塌陷 …… 136
【问题161】孔道位置不正 …… 136
【问题162】孔道堵塞 …… 137
【问题163】预应力锚具锚固区缺陷 …… 138
【问题164】漏穿钢束 …… 139
【问题165】张拉中滑丝（滑束） …… 139
【问题166】张拉中断丝 …… 140
【问题167】预留孔道摩阻值过大 …… 142
【问题168】张拉应力超标 …… 142
【问题169】张拉伸长率不达标 …… 143

【问题 170】孔道灌浆不实 …… 144
【问题 171】管道开裂 …… 145
【问题 172】管道压浆困难 …… 146
【问题 173】锚具未用混凝土封堵 …… 147
第 11 章　桥梁墩柱及预制构件 …… 148
11.1　桥梁墩柱 …… 148
【问题 174】桥墩柱轴线偏移、扭转 …… 148
【问题 175】桥墩柱垂直偏差 …… 148
【问题 176】桥墩顶面标高不符合设计高程 …… 149
【问题 177】T 形墩柱盖梁与柱身连接处不平 …… 150
【问题 178】柱安装后裂缝超过允许偏差值 …… 150
11.2　板、梁安装 …… 151
【问题 179】板安装后不稳定 …… 151
【问题 180】梁面标高超过桥面设计标高较大 …… 151
【问题 181】梁顶盖梁、梁顶台帽和梁顶梁 …… 152
【问题 182】预制 T 形梁隔板连接错位 …… 152
【问题 183】摔梁事故 …… 153
【问题 184】预制挡墙板错台或不竖直 …… 153
第 12 章　支座、桥面及附属设施工程 …… 155
12.1　桥面 …… 155
【问题 185】桥面水泥混凝土铺装层开裂 …… 155
【问题 186】桥头跳车 …… 156
【问题 187】桥面沥青混凝土铺装壅包 …… 157
12.2　伸缩缝装置 …… 157
【问题 188】桥面伸缩缝不贯通 …… 157
【问题 189】伸缩缝安装及使用质量缺陷 …… 158
【问题 190】橡胶伸缩缝、TS 缝的雨水浸流 …… 158
【问题 191】伸缩缝与两侧路面衔接不平顺 …… 159
12.3　变形缝、施工缝漏水 …… 159
【问题 192】埋入式止水带变形缝渗漏水 …… 160
【问题 193】涂刷式氯丁胶片变形缝渗漏水 …… 160

【问题 194】混凝土施工缝渗漏水 …… 161
12.4 桥梁排水 …… 162
【问题 195】桥面排水返坡 …… 162
【问题 196】桥台排水不畅、桥台后填土不实 …… 162
【问题 197】通道路面雨水管道缺陷 …… 162
【问题 198】桥面漏留泄水管 …… 163
12.5 桥梁支座安装 …… 163
【问题 199】钢支座上下摆，锚栓折断 …… 163
【问题 200】钢支座安装不平、积水 …… 164
【问题 201】板式橡胶支座质量问题 …… 165
第 13 章 钢结构桥梁安装 …… 167
13.1 钢结构焊接质量问题 …… 167
【问题 202】错边 …… 167
【问题 203】焊缝外观不良 …… 167
【问题 204】咬边 …… 167
【问题 205】焊瘤 …… 168
【问题 206】弧坑过大 …… 168
【问题 207】夹渣 …… 168
【问题 208】电弧烧伤 …… 169
【问题 209】裂纹 …… 169
【问题 210】未焊透 …… 169
【问题 211】气孔 …… 170
【问题 212】焊缝药皮、飞溅物未清除，焊缝成型不良 …… 170
【问题 213】缺棱 …… 171
【问题 214】异物填塞组装间隙 …… 171
13.2 钢结构安装质量问题 …… 171
【问题 215】吊装装车运输问题 …… 171
【问题 216】用火焰割扩高强度螺栓孔 …… 172
【问题 217】高强度螺栓摩擦面涂涮油漆 …… 172
【问题 218】钢结构油漆质量问题 …… 172

第3部分　市政排水管道工程质量常见问题与防治

第14章　沟槽开挖与回填工程 …… 174

14.1　沟槽开挖 …… 174

【问题219】边坡塌方 …… 174

【问题220】槽底土基受冻 …… 176

【问题221】槽底泡水 …… 177

【问题222】槽底超挖 …… 178

【问题223】沟槽尺寸不符合要求 …… 178

【问题224】沟槽开挖堆土超高 …… 180

14.2　沟槽回填 …… 181

【问题225】沟槽沉陷 …… 181

【问题226】管渠结构碰、挤变形 …… 183

第15章　管道基础、砖沟工程 …… 185

15.1　平基础 …… 185

【问题227】管基混凝土未振捣 …… 185

【问题228】平基混凝土厚度不够 …… 185

【问题229】平基混凝土强度未达到规范要求 …… 186

【问题230】浇筑混凝土平基不合格 …… 186

【问题231】平基未凿毛，管座与平基之间夹土 …… 187

【问题232】管座跑模 …… 187

【问题233】管座混凝土蜂窝孔洞 …… 188

15.2　土、砂及砂砾基础 …… 189

【问题234】槽底不平、砂基不规范 …… 189

【问题235】管道支承角不符合要求 …… 189

15.3　砖砌管沟 …… 190

【问题236】砌筑砂浆不饱满，砂浆与砖粘结不好 …… 190

【问题237】砖砌壁面裂缝漏水 …… 191

第16章　管道安装（铺设、接口） …… 193

16.1　混凝土管道铺设 …… 193

【问题238】中线位移超标 …… 193

【问题 239】管道反坡 …… 193
【问题 240】管道内底错口 …… 195
【问题 241】备管不封堵 …… 195
【问题 242】管道前进方向受阻 …… 196
16.2 混凝土管道接口 …… 197
【问题 243】刚性接口抹带空裂 …… 197
【问题 244】刚性接口抹带砂浆突出管内壁（灰牙） …… 199
【问题 245】钢丝网与管缝不对中，插入管座深度不足，钢丝网长度不够 …… 199
【问题 246】大管径雨水管接口不严 …… 201
【问题 247】抹带砂浆质量不稳定 …… 202
【问题 248】柔性接口不严密 …… 203
16.3 钢排水管、波纹管安装 …… 205
【问题 249】管道位置偏移或管内积水问题 …… 205
【问题 250】钢管焊接质量问题 …… 205
【问题 251】钢管防腐质量问题 …… 206
【问题 252】管道保温质量问题 …… 207
【问题 253】管道不直、阀门设备歪斜 …… 208
【问题 254】HDPE 双壁波纹管安装错误 …… 209
【问题 255】高密度聚乙烯（PE）排水管道常见质量问题 …… 209
第 17 章 检查井及附属构筑物 …… 211
17.1 检查井及砌筑质量问题 …… 211
【问题 256】检查井周边路面损坏或沉陷 …… 211
【问题 257】检查井砌筑质量问题 …… 213
【问题 258】检查井基础未浇成整体 …… 214
【问题 259】砌砖通缝、鱼鳞缝，圆井收口不均匀 …… 215
【问题 260】清水墙勾缝不符合要求 …… 216
17.2 检查井附属设施质量问题 …… 217
【问题 261】井径不圆、盖板人孔不圆、尺寸不符合要求 …… 217
【问题 262】流槽不符合要求 …… 219
【问题 263】污水管（合流管）跌落差不符合要求 …… 220

【问题264】踏步（爬梯）、脚窝安装、制作不规矩 …… 220
【问题265】井圈、井盖安装不符合要求 …… 221
第18章 管道渗漏水及闭水试验 …… 223
18.1 管道渗漏水 …… 223
【问题266】渗水量计算错误 …… 223
【问题267】管道渗漏水，闭水试验不合格 …… 224
18.2 闭水试验 …… 225
【问题268】闭水试验达不到标准 …… 225
【问题269】不做闭水试验或在回填土后做闭水试验 …… 227
第19章 排水设备安装 …… 228
19.1 设备基础 …… 228
【问题270】设备基础定位偏差 …… 228
【问题271】设备预留地脚螺栓孔偏差 …… 228
【问题272】安装后地脚螺栓的螺纹损坏 …… 229
【问题273】垫铁组数量规格不符合要求，布置位置不合理 …… 229
【问题274】调节螺钉使用不当 …… 230
【问题275】二次灌浆质量不佳 …… 230
19.2 排水设备 …… 231
【问题276】设备未经清洗，导致不能正常运行使用 …… 231
【问题277】滚动轴承运行时过热 …… 231
【问题278】滚动轴承运行时发生异常振动 …… 232
【问题279】联轴节颈向偏差超过允许范围 …… 232
【问题280】联轴节轴向偏差超出允许范围 …… 233
【问题281】传动带安装固定张紧程度调节不当 …… 233
【问题282】皮带跑偏 …… 234
参考文献 …… 235

第1部分　市政道路工程质量常见问题与防治

第1章　路基工程

1.1　路基填土

【问题1】超厚填土

现象

(1) 一种是路基填方，一种是沟槽回填土，不按规定的虚铺厚度填筑(图1-1)。严重者，用推土机一次将沟槽填平。

图1-1　回填土分层超厚

(2) 不能将所铺层厚内的松土全部达到要求的压实度。如果是道路，将造成路基和路面结构沉陷；如果是管道，其胸腔部位便达不到要求的压实度，使胸腔部位对管道结构的土压力小于管顶土压力和地面荷载的压力，可能造成管体上部和180°部位破裂，无筋管还可能被压扁。

原因分析

(1) 施工技术人员和操作工人对上述危害不了解或认识不足。

（2）技术交底不清或质量控制措施不力。

（3）施工者有意偷工不顾后果。

防治措施

（1）加强技术培训，使施工技术人员和操作人员了解分层压实的意义。

（2）要向操作者做好技术交底，使路基填方及沟槽回填土的虚铺厚度不超过规定。

（3）严格操作要求，严格质量管理，惩戒有意偷工者。

（4）执行分层验收制度。在施工者严格自检的基础上，监理工程师必须进行抽检或进行层层验收（进行压实度试验）。

【问题2】挟带大块土石块回填

现象

（1）在填土中带有大砖块、大石块、大混凝土块、大硬土块（图1-2）。

图1-2　路基—填土及平整段

（2）填土中挟带块状物，妨碍土颗粒间相互挤紧，达不到整体密实效果。另一方面块状物支垫碾轮，使块状物周围留下空隙，日后发生不均匀沉降。

原因分析

（1）不了解较大块状物掺入土中对夯实的不利影响。

（2）不愿多运弃土方和杂物。

（3）或交底不明确，或控制不严格。

防治措施

（1）在填土交底中要向操作者讲明带块状物回填的危害，使操作者能自觉遵守。

（2）要严格管理，对填土中的大砖块、大石块、大混凝土块要取出，对直径大于10cm的硬土块应打碎或剔除。

【问题3】挟带有机物或过湿土的回填

现象

在填土中含有树根、木块、杂草或有机垃圾等杂物或过湿土。有机物的腐烂，会形成土体内的空洞。超过压实最佳含水量的过湿土，达不到要求的压实度，都会造成路基不均匀沉降，使路面结构变形（图1-3）。

图1-3 路面结构变形

原因分析

（1）路基填土中不能含有机物质是最基本常识，主要是施工操作者技术素质过低，管理者控制不严。

（2）取土土源含水量过大，或备土遇雨，造成土的过湿，又不加处理直接使用。

（3）路基填土前未对原地面进行清除上述有害杂物或清除不彻底，或清表后仍有不适宜的路基土未被挖除。

防治措施

（1）坚持严格要求，做好技术交底。

（2）属于填土路基，在填筑前要清除地面杂草、淤泥等，过湿土及含有有机质的土一律不得使用。属于沟槽回填，应将槽底木料、草帘等杂物清除干净。

（3）过湿土，要经过晾晒或掺拌干石灰粉，降低至接近最佳含水量时再进行摊铺压实。

【问题 4】带水回填

现象

多发生在沟槽回填土中，积水不排除，带泥水回填土（图 1-4）。

图 1-4　将下雨积水及时清理，不得带水回填

带泥水回填的土层其含水量是处于饱和状态的，不可能夯实。当地下水位下降，饱和水下渗后，将造成填土下陷，危及路基的安全。

原因分析

由于地下水位高于槽底，又无降水措施，或降水措施不利，或在填土前停止降水，地下水积于槽内。或因浅层滞水流入槽内，雨水或其他客水流入槽内，不经排净即行回填土。

防治措施

(1) 排除积水，清除淤泥，疏干槽底，再进行分层回填夯实。

(2) 如有降水措施的沟槽，应在回填夯实完后，再停止降水。

(3) 如排除积水有困难，也要将淤泥清除干净，再分层回填砂或砂砾，在最佳含水量下进行压实。

【问题 5】回填冻土块和在冻槽上回填

现象

冬期施工回填土时回填冻土块或在已结冻的底层上回填。

(1) 膨胀的冻块融解，在填土层中形成许多空隙，不能达到填土层均匀密实，如回填大冻块，其周围受冻块支垫也不能夯实。

(2) 土体一经结冻，体积膨胀，化冻后体积收缩，会造成回填下沉。

原因分析

（1）技术交底不清，质量管理不严。违规操作。

（2）槽底或已经夯实的下层，未连续回填又不覆盖或覆盖不利（草帘刮跑或过薄），造成受冻。

防治措施

（1）施工管理人员应向操作工人做好技术交底；同时要严格管理，不得违规操作。

（2）要按规范要求：道路下沟槽回填土，不得回填冻土，要掏挖堆存土下层，不冻土回填，如堆存土全部冻结或过湿，应换土回填。

（3）回填的沟槽如受冻，应清除冻层后回填。在暂时停顿或隔夜继续回填的底层上要覆盖保温。

（4）在清除基层冻层后，路基填方或沟槽回填土要连续不停回填，直至顶层，压实后覆盖保温。

【问题6】高填方路基沉降

原因分析

（1）按一般路堤设计，没有验算路堤稳定性、地基承载力和沉降量。

（2）地基处理不彻底，压实度达不到要求，或地基承载力不够。

（3）高填方路堤两侧超填宽度不够。

（4）工程地质不良，且未作地基孔隙水压力观察。

（5）路堤受水浸泡部分边坡陡，填料土质差（图1-5）。

图1-5　路床被雨水浸泡，存在翻浆现象

（6）路堤填料不符合规定，随意增大填筑层厚度，压实不均匀，且达不到规定要求。

（7）路堤固结沉降。

防治措施

（1）高填方路堤应按相关规范要求进行特殊设计，进行路堤稳定性、地基承载力和沉降量验算。

（2）地基应按规范进行场地清理，并碾压至设计要求的地基承载压实度，当地基承载力不符合设计要求时，应进行基底改善并加固处理。

（3）高填方路堤应严格按设计边坡度填筑，路堤两侧必须做足，不得贴补帮宽；路堤两侧超填宽度一般控制在30～50cm。逐层填压密实，然后削坡整形。

（4）对软弱土地基，应注意观察地基土孔隙水压力情况，根据孔隙水压确定填筑速度；除对软基进行必要处理外，从原地面以上1～2m高度范围内不得填筑细粒土。

（5）高填方路堤受水浸泡部分应采用水稳性及透水性好的填料，其边坡如设计无特殊要求时，不宜陡于1∶2。

（6）严格控制高路堤填筑料，控制其最大粒径、强度，填筑层厚度要与碾压机械相适应，控制碾压时含水量、碾压遍数和压实度。

（7）路堤填土的压实不能代替土体的固结，而土体固结过程中产生沉降，沉降速率随时间递减，累积沉降量随时间增加，因此，高填方路堤应设沉降预留超高，且开工先施工高填方段，留足填土固结时间。

1.2 碾压、夯实

【问题7】土路基的压实宽度不到位

现象

土路基的碾压宽度窄于路面结构宽度，路面结构的边缘坐落在软基上。

原因分析

由于边线控制不准，或边线桩丢失、移位，使修整和碾压失去依据，导致了土路基的碾压宽度窄于路面结构宽度，路面结构的边缘坐落在软基上。当软基较干燥时有一定的支承力，结构层能碾压成活；当软基受雨水浸透或冬、春季水分集聚，土基失去稳定性时，路边将下沉，造成掰边。

防治措施

（1）不论是填方路段，填筑路基时，还是挖方路段，开挖路槽时，测量人员应将边线桩测设准确，随时检查桩位是否有变动，如有遗失或移位，应及时补桩或纠正桩位。

（2）路基碾压宽度，应为路面设计宽度加 B，B 值应考虑两项内容，一是为保证基层结构边缘的稳定性而加宽的部分，二是道牙基础及为稳定道牙而在牙背所加筑三角混凝土所占的部分。按路面结构厚度一般不应少于 30～50cm。

【问题8】倾斜碾压

现象

在填筑段内随高就低，使碾轮爬坡碾压。

原因分析

在填筑段内随高就低，未将底层在整平的基础上压实即进行填筑，或在沟槽内填筑高度不一，使碾轮在带有较大纵坡的状态下碾压。这种情况下碾轮压实重力产生分力损失（图1-6），在纵坡上使碾轮不能发挥最大的压实功能，坡度越大，损失的压实功能就越大。

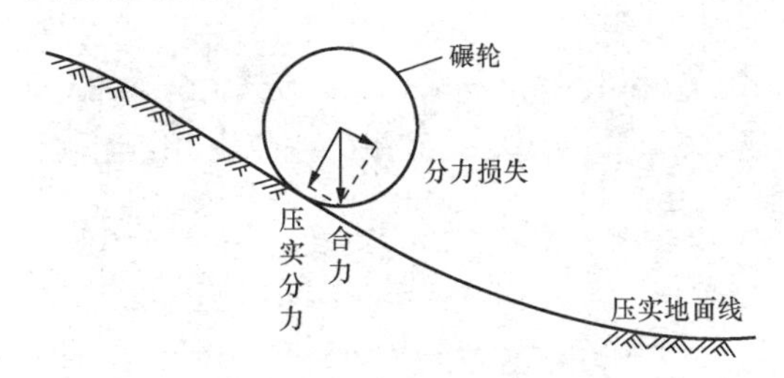

图1-6　倾斜碾压的压力损失

防治措施

在路基总宽度内，应采用水平分层方法填筑。路基地面的横坡或纵坡陡于 1∶5时应做成台阶。回填沟槽分段填土时，应分层倒退，留出台阶。台阶高等于压实厚度，台阶宽不小于 1m。

【问题9】土路基的干碾压

现象

在干燥季节，施作土路基工序过程中，水分蒸发较快，在路基压实深度内的土层干燥，不洒水或只表面洒水，路基压实层达不到最佳密实度。达不到要求的密实度，经受不住车辆荷载的考验，缩短路面结构的寿命，出现早期龟裂损坏。

原因分析

（1）忽视土路基密实度的重要性或强调水源困难或强调洒水设备不足。

（2）有意（明知）或无意（不理解）违章操作。

防治措施

（1）教育施工人员理解路基土层密实度对结构层稳定性的重要性。

（2）如果路基土层干燥，应实行洒水翻拌的方法，直至路基土层（0～30cm）全部达到最佳含水量时再行碾压。

【问题10】路基土过湿或有“弹簧”现象

现象

（1）路基土层含水量过大，造成大面积或局部发生弹软现象（图1-7）。

图1-7　路床施工中局部回填土过湿，存在橡皮土现象

（2）深处理不到位，和底基层一并碾压时，压实厚度过大，整体密实度差，强度低。

原因分析

（1）由于地下水位高或浅层滞水渗入路基土层。

（2）路基土层内含有保水性强、渗透性差的黏性翻浆土。

（3）设计处理厚度不够，含水量过大的路段，碾压后肯定出现“弹簧”现象。

（4）雨季路基施工时，临时性渗水措施不完善，雨水浸泡路基。

防治措施

（1）在道路结构设计中，增设一道排水层（防水层）或级配碎石（砂砾）。

（2）对含水量大的路基土应进行挖开、晾晒处理。

（3）掺石灰或水泥降低路基土的含水量，提高其强度。

（4）必要时进行换土处理。

（5）土基深处理层和下基层应分别进行碾压。

【问题11】路基行车带压实度不足

原因分析

（1）压实遍数不够；压实机械与填土土质、填土厚度不匹配。

（2）碾压不均匀，局部有漏压现象。

（3）含水量偏离最佳含水量，超过有效压实规定值。

（4）没有对紧前层表面浮土或松软层进行处治。

（5）回填土种类繁多，出现不同类别土混填。

（6）填土颗粒过大（大于10cm），颗粒之间空隙过大，或者填料不符合要求，如粉质土、有机土等。

防治措施

（1）确保压路机的碾压遍数符合规范要求；选用与填土土质、填土厚度匹配的压实机械。

（2）压路机应进退有序，碾压轮迹重叠、铺筑段落搭接超压应符合规范要求。

（3）填筑土应在最佳含水量为±2%时进行碾压，并保证含水量的均匀；因含水量不适宜而未压实时，洒水或翻晒至最佳含水量时再重新进行碾压。

（4）当紧前层因雨松软或干燥起尘时，应彻底处置至压实度符合要求后，再进行当前层的施工。

（5）不同类别的土应分别填筑，不得混填，每种填料层累计厚度一般不宜小于0.6m。

（6）优先选择级配较好的粗粒土等作为路堤填料，填料的最小强度应符合规范要求；因填土土质不适宜未压实时，清除不适宜填料土，换填良性土后重新碾压。

（7）填土应水平分层填筑，分层压实，压实厚度根据压实机械进行试验，必须满足最小压实度的要求。

（8）对产生“弹簧土”的部位，可将其过湿土翻晒，或掺生石灰粉翻拌，待其含水量适宜后重新碾压；或挖除换填含水量适宜的良性土壤后重新碾压。

【问题 12】路基边缘压实度不足

原因分析

（1）路基填筑宽度不足，未按超宽填筑要求施工。

（2）压实机具碾压不到边。

（3）路基边缘漏压或压实遍数不够。

（4）采用三轮压路机碾压时，边缘带（0～75cm）碾压频率低于行车带。

防治措施

（1）路基施工应按设计的要求进行超宽填筑。

（2）控制碾压工艺，保证机具碾压到边。

（3）认真控制碾压顺序，确保轮迹重叠宽度和段落搭接超压长度。

（4）提高路基边缘带压实遍数，确保边缘带碾压频率高于或不低于行车带。

（5）校正坡脚线位置，路基填筑宽度不足时，返工至满足设计和“规范”要求（注意：亏坡补宽时应开台阶填筑，严禁贴坡），控制碾压顺序和碾压遍数。

【问题 13】路基下管道交叉部位填土不实

现象

（1）新建管道在现况管道下穿，有的是掏洞，有的通槽悬空管道（悬吊），事后对管道下的孔洞和脱空夯填不密实。

（2）在路槽内的悬空刚性管道，在回填结构层材料时未能压实管道下材料，使管道下脱空。

（3）道路下的雨水、污水管道多为刚性管道，在道路下穿必将其下掏空，如不填实，在道路施工时，这些管道受施工机械荷载、土压力、道路运行后的交通荷载的冲击，管道会断裂，从而酿成重大安全和损害事故。

（4）在管道下的虚填土或虚填料，当雨水渗入路基下，或因上、下水的渗漏，将虚土、虚料泥化下沉，形成路基下空洞，造成路面下陷，酿成交通事故。

原因分析

（1）不了解管道交叉处理的规范要求，对现况管道结构的安全不重视，对道路路基的稳定和安全缺乏足够的认识。

（2）有些施工单位虽然知道处理措施但对看不见的部位得过且过，不愿意作这部分的经济投入。

防治措施

（1）应在主体管道完工的同时，检查扰动部分填实情况，做到不能留有空隙。

（2）对路槽内管道下脱空部分，有条件用素土或道路材料压实的，应不留任何薄弱部位，全部压实。当无条件压实时，应将脱空范围内的全部砌砖垛予以支撑，以保护管道和不给路基下方留下任何空虚部分。

【问题14】不按段落分层夯实

现象

路基下沟槽回填土或者填筑路基，段落分界不清，分层不明，搭槎处不留台阶，碾压下段时，碾轮不到位或边角部位漏夯（压）。

容易造成搭槎处碾压不实，分层超厚处密实度不达标，边角处漏夯等都会造成路基日后不均匀沉降，使路面结构变形。

原因分析

（1）不按分段、水平、分层技术要求回填，而是随高就低，层厚不一的胡乱回填。

（2）分段回填的搭槎不是按每层倒退台阶的要求填筑和碾压。

防治措施

（1）要按规范要求，分段、水平、分层回填，段落的端头每层倒退台阶长度不小于1m，在接填下一段时碾轮要与上一段碾压密实的端头重叠。

（2）槽边弯曲不齐的，应将槽边切齐，使碾轮靠边碾压。

1.3 路基工程开裂

【问题15】路基纵向开裂

原因分析

（1）清表不彻底，路基基底存在软弱层或坐落于古河道处。

（2）沟、塘清淤不彻底、回填不均匀或压实度不足。

（3）路基压实不均。

（4）旧路利用路段，新旧路基结合部未挖台阶或台阶宽度不足。

（5）半填、半挖路段未按规范要求设置台阶并压实。

（6）使用渗水性、水稳性差异较大的土石混合料时，错误地采用了纵向分幅填筑。

（7）高速公路因边坡过陡、行车渠化、交通频繁振动而产生滑坡，最终导致纵向开裂。

防治措施

（1）应认真调查现场并彻底清表，及时发现路基基底暗沟、暗塘，消除软弱层。

（2）彻底清除沟、塘淤泥，并选用水稳性好的材料严格分层回填，严格控制压实度，满足设计要求。

（3）提高填筑层压实均匀度。

（4）半填、半挖路段，地面横坡坡度大于1∶5及旧路利用路段，应严格按规范要求将原地面挖成宽度不小于1m的台阶并压实。

（5）渗水性、水稳性差异较大的土石混合料应分层或分段填筑，不宜纵向分幅填筑。

（6）若遇有软弱层或古河道，填土路基完工后应进行超载预压，预防不均匀沉降。

（7）严格控制路基边坡，符合设计要求，杜绝亏坡现象。

【问题16】路基横向裂缝

原因分析

（1）路基填料直接使用了液限大于50、塑性指数大于26的土。

（2）同一填筑层路基填料混杂，塑性指数相差悬殊。

（3）路基顶填筑层作业段衔接施工工艺不符合规范要求。

（4）路基顶下层平整度填筑层厚度相差悬殊，且最小压实厚度小于8cm。

（5）暗涵结构物基底沉降或涵背回填压实度不符合规定。

防治措施

（1）路基填料禁止直接使用液限大于50、塑性指数大于26的土；当选材困难且必须直接使用时，应采取相应的技术措施。

（2）不同种类的土应分层填筑，同一填筑层不得混用。

（3）路基顶填筑层分段作业施工，两段交接处，应按要求处理。

（4）严格控制路基每一填筑层的标高、平整度，确保路基顶填筑层压实厚度不小于8cm。

（5）暗涵结构物施工时检查基底承载力，控制暗涵结构物沉降；涵背回填透水性材料，层厚宜15cm一层，在场地狭窄时可用小型压路机压实，控制压实度符合规定。

【问题17】路基网裂病害

原因分析

（1）土的塑性指数偏高或为膨胀土。

（2）路基碾压时土含水量偏大，且成形后未能及时覆土。

（3）路基压实后养护不到位，表面失水过多。

（4）路基下层土过湿。

防治措施

（1）采用合格的填料，或采取掺加石灰、水泥改性处理措施。

（2）选用塑性指数符合规范要求的土填筑路基，控制填土最佳含水量时碾压。

（3）加强养护，避免表面水分过分损失。

（4）认真组织，科学安排，保证设备匹配合理，施工衔接紧凑。

（5）若因下层土过湿，应查明其层位，采取换填土或掺加生石灰粉等技术措施处治。

1.4　路堤、路堑

【问题18】路堤边坡滑坡

现象

路堤边坡滑坡、坍塌（图1-8）。

图1-8　被雨水冲毁

原因分析

(1) 路基边坡坡度过陡，路基填土高度过大时未进行稳定性验算，并采取措施(反压护道、砌筑挡墙、土工布包裹)确保边坡稳定。

(2) 路基填筑时路肩宽度应比设计宽20～50cm，然后削坡成型，新旧路基结合部应挖宽度不小于1m、内倾2%～4%的台阶。

(3) 坡顶、坡脚没有做好排水设施，地面水渗入或坡脚被掏空。

(4) 沿河、水沟路基坡脚未防护。

(5) 过早刷坡而边坡防护工程未能及时跟上且没采取防护措施。

(6) 雨水冲刷后未及时修补路基。

(7) 基底存在软土且软土厚度不均匀。

(8) 淤泥清除换填不彻底。

(9) 填筑速度过快。

(10) 填料含水率偏高。

防治措施

(1) 路基按设计要求的坡度放坡，困难时请设计人员验算，采取措施(反压护道、砌筑挡墙、土工布包裹)以确保边坡稳定。

(2) 路基填筑时路肩宽度应比设计宽20～50cm，然后削坡成形，新旧路基结合部应挖宽度不小于1m、内倾2%～4%的台阶。

(3) 坡顶、坡脚做好排水设施，沿河、水沟路基坡脚进行边坡防护。

(4) 刷坡后边坡防护工程紧跟。

(5) 及时夯填冲沟并修补防护设施。

(6) 软土处理要到位，并全面清查和掌握软基范围和深度。

(7) 加强沉降和侧向位移观测，发现问题及时处理。

(8) 控制填土速率。

(9) 按最佳含水量填筑路堤。

【问题19】路堤沉降

现象

路堤沉降超限及不均匀沉降。

原因分析

(1) 路堤基底不按规范要求进行排水、清表和原地面压实处理或处理不彻底；斜坡基底没按标准要求挖台阶。

(2) 软基处理质量不达标(清淤换填、粉喷桩、水泥搅拌桩、碎石桩、袋装砂井等)。

（3）地下水和地表水的截、疏、排不彻底或设施不完善。

（4）填料选择不合格。

（5）填筑工艺控制不严；分层填筑厚度超标，压实度不符合要求，填筑速度过快，预留工后沉降时间偏短。

（6）填挖接合处没按规范处理（没清表、没挖台阶）。

防治措施

（1）严格按设计和标准要求认真做好基底处理；选择合理的软基处理方案和施工工艺。

（2）严格按设计和标准、工艺要求进行软基处理，加强质量监控，确保处理质量达标。

（3）严格控制填料料质，包括料径、级配和质地等。

（4）严格控制填筑顺序，尽可能实行全宽拉线、分层填筑，严格控制松铺厚度（小于30cm）。

（5）认真做好碾压试验，确定最优碾压参数；认真检测压实度，确保填筑各区密实度满足设计和标准限值要求。

（6）对软基路堤填筑实施动态监控，合理控制填筑速度，尤其是接近或达到临界高度后。

（7）填挖结合处严格按设计和标准要求挖台阶。

（8）路基防护设施和排水设施及时施作并完善。

（9）基床完成后按设计预留工后沉降时间，设置观测桩观测。

【问题20】路堤密实度不够

现象

路堤密实度不够（尤其是路肩部位），不符合规范要求。

原因分析

（1）压实遍数不够；松铺厚度过大；碾压机械质量偏小。

（2）摊铺平整度不佳，局部漏压。

（3）填料含水量不符合规定，填料不符合要求、颗粒过大或不同类别土混填。

（4）路基填筑宽度偏小，未实行超宽填筑，造成路肩压实度不足。

防治措施

（1）重新进行压实施工试验，采集最优施工参数。

（2）确保碾压机械质量和碾压遍数符合规定。

（3）压实机械应进退有序，然后左右重叠符合规范要求。

(4) 调整填料含水量或改良填料。

(5) 严格控制分层填筑厚度。

(6) 严格按设计和规范要求实施超宽填筑。

(7) 控制碾压工艺，压路机一定要行驶至路基边缘，确保路基全幅碾压到位。

【问题21】路堤压实出现“弹簧”现象

现象

路堤填料含水量不符合要求，碾压过程中出现“弹簧”现象。

原因分析

(1) 填料含水量与最优含水量相距较大。

(2) 碾压层下存在软弱层。

(3) 湿土翻晒、拌和不均匀。

(4) 透水与不透水土混填，且形成水囊。

防治措施

(1) 设法调整填料含水量。

(2) 对填料进行置换或改良。

(3) 对软弱层进行处理。

(4) 避免透水土与不透水土混填。

【问题22】路堑开挖不符合要求

现象

路堑开挖程序不当、边坡坡度超标、坡面平整度差。

原因分析

(1) 采用掏洞取土方式开挖，易产生“牵引式”滑坡。

(2) 边坡坡率控制不严。

(3) 爆破药量控制不准，未实施光面爆破及控制爆破。

(4) 质量保证体系未落实到现场。

防治措施

(1) 加强开挖工序质量控制。

(2) 加大检查力度，严格遵从自上而下、分层开挖，并严格控制爆破药量、实施光面爆破。

(3) 加强开挖边坡坡度控制，逐级量测。

（4）严格按规范规定对边坡坡面松石、浮石进行清理，并嵌补凹陷部位。

【问题23】路堑坍塌

现象

路堑边坡面冲刷或局部坍塌。

原因分析

（1）未先行施工天沟、截水沟等排水设施。

（2）边坡挡护工程未跟上。

（3）挡护工程施工时未按规定跳槽开挖。

防治措施

（1）按设计规定先行完善坡顶防、排水系统。

（2）及时实施坡面防护工程，随挖随砌并跳槽开挖。

第2章　道路基层工程

2.1　砂砾基层

【问题24】砂砾层级配质量差

现象

砾石颗粒过多过大，即含有直径大于10cm的超大巨粒卵石或砂粒过多。“级配”就意味着大小颗粒相匹配，小一级的颗粒填充大一级颗粒的空隙，使颗粒间嵌挤紧密、空隙率小、密度高、稳定性好，如果过大或过小的颗粒过多，空隙率将增大、嵌挤力小，稳定性差，密度低。

原因分析

主要是由于卸车和机械摊铺，使粗细料离析。其产生的危害是粗细料离析的级配砂砾，梅花部分空隙率大，不密实，嵌挤力小；砂窝部分松散，不稳定，路面铺筑在这样的底层上，易造成变形，损坏。

防治措施

在摊铺过程中应将粗细料掺拌均匀，无粗细料分离现象。在碾压过程中如发现有梅花砂窝，切不可用砂（对梅花）或砾石（对砂窝）覆盖，应将梅花、砂窝分别挖出，掺入砂或砾石翻拌，达到级配均匀、致密。

【问题25】砂砾层含泥量大

现象

在洒水后碾压过程中表面泛泥，并有严重裂纹出现。

原因分析

在天然级配砂砾里含泥（小于0.074mm的颗粒）量大于砂（小于5mm颗粒）重的10%。

含泥量大，即小于0.074mm的颗粒过多，它起了分隔粗骨料的作用，骨料间嵌挤能力降低，强度差。同时含泥量大，液限及塑性指数增大（即遇水变软），水稳定性差，强度低。

防治措施

采用人工级配，把小于0.074mm的土颗粒筛去；或经试验含泥量大于砂重

10%的级配砂砾，不准使用。

【问题26】砂砾层碾压不足

现象

（1）砂砾层表面严重轮迹、起皮、压不成板状（图2-1）。砂砾层不能形成具有一定强度的、密实的板状结构。这样的结构层分散荷载的能力差。

图2-1　基层碾压

（2）砂砾层表面松散，有规律裂纹。

（3）砂砾层表面无异常，经试验密度不够。

有时摊铺后砂砾层表面有严重轮迹、起皮、压不成板状；砂砾层表面松散，有规律裂纹；砂砾层表面无异常，经试验压实度不达标。这些现象产生的原因主要是：砂砾摊铺虚厚超过规定厚度；碾压砂砾层的机械碾压功能过小；砂砾层的碾压遍数不够，或含水量不达标。

其导致的危害是砂砾层不能形成具有一定强度的、密实的板状结构。这样的结构层承载的能力差，日后还会造成路面不均匀沉降。

防治措施

（1）按碾重所规定的压实厚度乘以压实系数进行摊铺碾压，对于超过规定碾压厚度的结构层，应分层摊铺碾压。

（2）碾压砂砾层一般应用12t以上压路机或吨位更重的振动压路机。

（3）对碾压密度小的砂砾层，应补足含水量，增加碾压遍数，追加碾压密度。

1）砂砾摊铺虚厚超过规定厚度。

2）碾压砂砾层的机械碾压功能过小。

3）砂砾层的碾压遍数不够。

【问题27】砂砾层级配不均匀

现象

粗（砾石）细（砂）料集中，摊铺后，造成梅花（砾石集中）砂窝（砂粒集中）现象。

原因分析

由于卸车和机械摊铺，使粗细料离析。其产生的危害是粗细料离析的级配砂砾，梅花部分空隙率大，不密实，嵌挤力小；砂窝部分松散，不稳定，路面铺筑在这样的底层上，易造成变形，损坏。

防治措施

在摊铺过程中应将粗细料掺拌均匀，无粗细料分离现象。在碾压过程中如发现有梅花砂窝，切不可用砂（对梅花）或砾石（对砂窝）覆盖，应将梅花、砂窝分别挖出，掺入砂或砾石翻拌，达到级配均匀、致密。

2.2 碎石基层

【问题28】碎石材质不合格

现象

（1）材质软、强度低。

（2）粒径偏小，块体无棱角。

（3）偏平、细长的颗粒多。

（4）材料不洁净，有风化颗粒，含土和其他杂质。

材质软，易轧碎。材质规格不合格或含有杂物，形不成嵌挤密实的基层。碾压面层时，易搓动，有裂纹，达不到要求的密实度。

原因分析

（1）料源选择不当，材料未经强度试验和外观检验，即进场使用。

（2）材料倒运次数过多或存放时被车辆走轧，棱角被碰撞掉。

（3）材料存放污染，又不过筛。

防治措施

注意把住进料质量关。材料应该选择质地坚韧、耐磨的轧碎花岗石或石灰石。材料要有合格证明或经试验合格后方能使用。碎石形状应是多棱角块体，清洁无土，不含石粉及风化杂质；并符合以下技术要求及规格：

（1）抗压强度大于80MPa。

（2）软弱颗粒含量小于5%。

（3）含泥量小于2%。

（4）扁平细长（1∶2）颗粒含量小于20%。

（5）规格应为3～7cm。

【问题29】干碾压

现象

碾压时不洒水或洒水量小，干碾压。碎石在干燥状态下碾压，在未达到规定碾压遍数时，石料已有碾碎，则不敢多压，在轮迹明显，嵌挤不紧密状态下完成工序，达不到要求的密实度。

原因分析

不懂操作或违反操作规程，图省工、省事，不顾质量。

防治措施

要按操作规程要求的规定碾压。

（1）石料摊铺平整后，先进行稳压，即用6～8t（或8～10t）两轮压路机由路边向路中稳压两遍后。要洒水2～2.5kg/m^2，以后随压随打水花，用水量约1kg/m^2，保持石料湿润，减小摩阻力。

（2）碾压成活阶段：用12～15t三轮压路机，在碾压至设计密度的全过程中均需随压随打水花，总用水量为12～14kg/m^2。

（3）撒布嵌缝料前，也要洒水。嵌缝料在碾压2～3遍即要洒水一次，每次不大于1kg/m^2。

（4）碎石基层成活后仍需在湿润状态下养护。

【问题30】嵌缝工序质量差

现象

（1）嵌缝料规格偏小。撒布过多或过少，或撒布不均，不加扫墁，局部有浮料，局部又无料。

（2）嵌缝料规格小于3～7cm碎石的缝隙，再加上扫墁不匀，局部无料，又局部拥堆。不易将碎石空隙嵌紧，这样将降低碎石的稳定性。

（3）未填满碎石空隙，浪费沥青混合料。

（4）浮料拥堆，使面层沥青混合料与碎石基层粘结不紧，易搓动揭皮。

原因分析

(1) 进料不把关，规格不对。

(2) 撒料工序违犯操作规程，粗制滥造。

防治措施

(1) 严把进料关，其嵌缝料规格应为1.5～2.5cm小碎石，应清洁无土，无石粉，无杂物。

(2) 按$0.5m^3/100m^2$撒布，不能省略扫墁工序，一定切实扫墁均匀，嵌缝严密，嵌缝料不得浮于表面或聚集形成一层。

2.3 石灰稳定土基层（垫层）

【问题31】搅拌不均匀

现象

石灰和土掺合后搅拌遍数不够，色泽呈花白现象。有的局部无灰，有的局部石灰成团。更有甚者，不加搅拌，一层灰一层土，成夹馅“蒸饼”。

原因分析

(1) 石灰土拌和遍数不够。无强制搅拌设备，靠人工，费时费力。加上管理不严，便不顾质量，粗制滥造，搅拌费力，不愿多拌。

(2) 石灰土的结硬原理，是通过石灰的活性（石灰中含有的CaO和MgO）与土料中的离子进行交换，改变了土的性质（分散性、湿陷性、粘附性、膨胀性），使土的结合水膜减薄，提高了土的水稳定性。石灰[$Ca(OH)_2$]吸收空气中的CO_2，形成碳酸钙，石灰中的胶体逐渐结晶，石灰与土中活性的氧化硅（SiO_2）和氧化铝（Al_2O_3）的化学反应，生成硅酸钙和铝酸钙，使石灰和土的混合体逐渐结硬等物理化学作用，均需要石灰颗粒与土颗粒均匀掺合在一起才能完成。如果掺合不均，灰是灰、土是土，土与灰之间的相互作用将不完全，石灰土的强度将达不到设计强度。

防治措施

(1) 人工搅拌。

1) 将备好的土与石灰按计算好的比例分层交叠，堆在拌和场地上。

2) 用锹翻拌三遍，要求拌和均匀，色泽一致，无花白现象。土干时随拌随打水花。加水多少，以最佳含水量控制。

(2) 机械搅拌：方法很多，有用平地机搅拌，专用灰土拌和机搅拌，农用犁耙搅拌。不管用什么方法就地搅拌，都应严格按规程操作，保证均匀度、结构厚度、最佳含水量。最好的办法是实行工厂化强制搅拌。

【问题32】石灰土厚度不够

现象

石灰土达不到设计厚度或基层的厚度不均匀，承载能力大小不同，薄弱部位极易损坏，特别是人行道石灰土基层表现尤为突出，造成小方砖步道下沉变形。

原因分析

(1) 省略了路基工序，对土路基的密实度、纵横断高程、平整度、宽度指标未予控制。

(2) 不做土路基就地翻拌，遇土软时，翻拌深度就深，灰土层厚；遇土硬时，翻拌深度就浅，灰土层就薄。

防治措施

要按质量检验评定标准所规定的土路基工序，控制土路基的纵横断高程、平整度、宽度、密实度，使灰土层厚保证均匀。

【问题33】掺灰不计量或计量不准

现象

在石灰土掺拌过程中，加灰随意性较强，不认真对土、灰的松干容重进行试验计算，或虽有计量，只是粗略计算体积比。

原因分析

(1) 管理人员和操作人员不了解剂量是直接影响着灰土强度的重要因素。管理人员未经试验计算或虽经试验计算但对操作者交底不清。

(2) 在生产实践中，石灰剂量应不低于6%，不高于18%，如果计量不准，低于6%或高于18%都会使灰土强度降低。

防治措施

石灰土的石灰剂量，是按熟石灰占灰土的总干重的百分率计算。经济实用的剂量是10%～14%。要取得准确的剂量，就应经过试验确定。如果无试验资料，12%石灰土，压实厚度15cm。以人工土为例，土松铺22～24cm，石灰松铺6cm；压实厚度20cm，土松铺30～32cm，石灰松铺8cm。按上述土、灰厚度比例关系，大致是4∶1，如果是石灰处理，土基15cm（实厚），加灰6%，那么石灰松铺厚度便是3cm。如果9%，松铺厚度便是4.5cm。

【问题 34】 消解石灰不过筛

现象

将含有尚未消解彻底的石灰块和慢化石灰块直接掺入土料，不过筛。

原因分析

（1）施工中图省工，违反操作规程。

（2）不过筛的消解石灰掺入土中压实后，其中存在的未消解生灰块和慢化石灰块，遇水分后经一定时间便消解，体积膨胀，将路面拱起，使结构遭到破坏。

防治措施

（1）生石灰块应在用灰前一周，至少 2～3d 进行粉灰，以使灰充分消解。

（2）消解的方法要按规程规定的，在有自来水或压力水头的地方尽量采用射水花管，使水均匀喷入灰堆内部，每处停放 2～3mm，再换位置插入，直至插遍整个灰堆，要使用足够的水量使灰充分消解。

（3）对少量未消解部分和慢化生石灰块，要过 1cm 筛孔的筛子。

【问题 35】 土料不过筛

现象

土料内含有大土块、大砖块、大石块或其他杂物。

原因分析

（1）土料黏性较大，结团，未打碎。对土料内含有的建筑渣土，未过筛。

（2）素土类的强度和水稳定性大大低于石灰土，如果灰土中含有大土块，就等于在坚固的板体内含有软弱部分；灰土内的大砖块、大石块等不能跟石灰土凝结成整体，就好比木板上的“疖子”，有损板体的整体性，都是造成板体损坏的薄弱环节。

防治措施

所有的土均应事先将土块打碎，人工拌和时，须要通过 2cm 筛孔的筛子；机械拌和时可不过筛，但必须将大砖块、大石块等清除，2cm 以上土块含量不得大于 3%。

【问题 36】 灰土过干或过湿碾压

现象

掺拌摊铺的灰土过干或过湿，都偏离最佳含水量较大；往往是过干时，在进行碾压后，再在表面进行洒水，这样只湿润表层，不能使水分渗透到整个灰土层。过湿时，碾压出现颤动、扒缝现象。

原因分析

（1）土料在开挖、运输或就地过筛翻拌过程中，土料中原有水分大量蒸发，翻拌过程中又未重新加水。

（2）所取土料过湿或遇雨，或灰土掺拌后未碾压遇雨，没有进行晾晒，在大大超过最佳含水量的状态下碾压。

（3）灰土在过干或过湿状态下碾压，均不能达到最佳密实度。过湿的土料或过湿的石灰均不能搅拌均匀；过干的灰土层，只在表面洒水，只能使表层达到较高密实度，整个灰土层不会达到一致的最佳密实度。这样将导致灰土层承载能力降低，危及整个结构的寿命。

防治措施

（1）石灰土搅拌必须具备洒水设备，如果在取土、运输、翻拌过程中失水，就应在翻拌过程中随搅拌随打水花，直至达到最佳含水量。同时在碾压成活后，如不摊铺上层结构，应不断洒水养护，保持经常湿润（因为灰土初期经常保持一定湿度，能加速结硬过程的形成）；灰土强度形成过程中，一系列相互作用都离不开水。

（2）取来的土料过湿或遇雨后过湿都应进行晾晒，使其达到或接近最佳含水量时再行加灰掺拌。如拌和后的灰土遇雨，也应晾晒，达到最佳含水量时进行碾压。如灰土搁置时间过长，还要经过试验，如果石灰失效，还应再加灰掺拌后碾压。

【问题37】碾压时出现弹簧

现象

混合料在碾压时出现了弹簧现象（图2-2）。

图2-2　夯实后形成橡皮土现象

原因分析

由于碾压时混合料含水量过高，下卧层过软压实度不足，导致混合料在碾压时出现了弹簧现象。

防治措施

（1）混合料拌和时要控制原材料的含水量，土壤如果过湿应该先进行翻晒，需要的话采用生石灰粉拌制。如果粉煤灰过湿，应堆高沥干 2～3d。

（2）施工时应注意气象情况，摊铺后及时碾压，避免这一时段出现降雨天气，否则将会导致无法碾压施工。

（3）当原材料过于干燥时，可洒水闷料后再进行碾压，水量控制应均匀，避免出现局部水量过多而造成弹簧现象。

（4）混合料摊铺前要对下承层进行检查，压实度必须符合标准，否则也会导致弹簧现象的出现。

（5）碾压时应遵循先轻后重的原则。

（6）出现了弹簧后应翻开晾晒或换填处理。

【问题 38】基层横向裂缝

现象

基层出现横向裂缝。

原因分析

石灰土基层主要由几点原因造成的：结构层干缩和温缩；混合料碾压含水量大；重荷载碾压；未铺筑上层石灰土、二灰基层和下卧层强度不足、养护期不足时，不能有重车通过，否则也容易出现横向裂缝；横向施工接缝或反挖横沟处容易出现横向裂缝。

防治措施

（1）施工工程中严格控制混合料的碾压含水量，减少结构层的干缩。

（2）保持一定湿度，不可过干、过湿或忽干忽湿。

（3）及时养护并且保证养护时间，一般养护时间不少于 7d，如果条件允许，最好采用塑料膜覆盖。

（4）封闭交通，避免重荷载车辆通行，保证养护期，并且尽快铺筑上层。

（5）延长施工段落，尽量减少施工接缝的数量。接触处要缩短两侧混合料铺筑的时间间隔，做好接缝处理。

（6）如果出现横向裂缝一般不做处理，裂缝较宽时，采用沥青封缝，以防止渗水和恶化。

【问题39】石灰稳定土底基层裂缝

原因分析

(1) 石灰土成型后未及时做好养护。

(2) 土的塑性指数较高，黏性大，石灰土的收缩裂缝随土的塑性指数的增高而增多、加宽。

(3) 拌和不均匀，石灰剂量越高，越容易出现裂缝。

(4) 含水量控制不好。

(5) 工程所在地温差大，一般情况下，土的温缩系数比干缩系数大4～5倍，所以进入晚秋、初冬之后，温度收缩裂缝尤为加剧。

防治措施

(1) 石灰土成型后应及时洒水或覆盖塑料薄膜养护，或铺上一层素土覆盖。

(2) 选用塑性指数合适的土，或适量掺入砂性土、粉煤灰和其他粒料，改善施工用土的土质。

(3) 加强剂量控制，使石灰剂量准确，保证拌和遍数和石灰土的均匀性。

(4) 控制压实含水量，在较大含水量下压实的石灰土，具有较大的干裂，宜在最佳含水量为±1%时压实。

(5) 尽量避免在不利季节施工，最好在第一次冰冻来临一个半月前结束施工。

2.4 水泥稳定土（碎石）基层

【问题40】水泥稳定土基层裂缝

现象

水泥稳定土基层出现裂缝。

原因分析

(1) 土的含水量不符合设计要求。

(2) 水泥用量过大。

(3) 水泥土拌和不均匀。

防治措施

(1) 改善施工用土的土质，采用塑性指数较低的土或适量掺加粉煤灰。

(2) 控制压实含水量，需要根据土的性质采用最佳含水量，含水量过高或过低都不好。

（3）在能保证水泥稳定土强度的前提下，尽可能采用低的水泥用量。

（4）一次成型，尽可能采用慢凝水泥，加强对水泥稳定土的养护，避免水分挥发过大。

（5）设计合理的水泥稳定土配合比，加强拌和，避免出现粗细料离析和拌和不均匀现象。

【问题41】水泥稳定碎石基层裂缝

原因分析

（1）水泥剂量偏大或水泥稳定性差。

（2）碎石级配中细粉料偏多，石粉塑性指数偏高（图2-3）。

图2-3　石灰碎石铺设出现碎石堆积

（3）骨料中黏土含量大，因为黏土含量越大，水泥稳定碎石的干缩、温缩裂纹越大。

（4）碾压时混合料含水量偏大，不均匀。

（5）混合料碾压成型后养护不及时，易造成基层开裂。

（6）养护结束后未及时铺筑封层。

防治措施

（1）控制水泥质量，在保证强度的情况下，应适当降低水泥稳定碎石混合料的水泥用量。

（2）碎石级配因接近要求级配范围的中值。

（3）应严格骨料中黏土的含量。

（4）应严格控制加水量。

（5）混合料碾压成型后及时洒水养护，保持碾压成型混合料表面的湿润。

（6）养护结束后应及时铺筑下封层。

（7）宜在春季末和气温较高的季节组织施工，工期的最低温度在5℃以下，并在第一次冰冻到来之前一个月内完成，基层表面在冬季上冻前应做好覆盖层（下封层或摊铺下面层或覆盖土）。

2.5　石灰粉煤灰砂砾基层

【问题42】含灰量少或石灰活性氧化物含量不达标

现象

主要表现在混合料不固结，无侧限抗压强度不达标。

原因分析

（1）生产厂家追求利润，不顾质量，使用Ⅲ级以下劣质石灰，或有意少加灰，使混合料中活性氧化物含量极低。

（2）生产工艺粗放，人工加灰量不均匀，甚至少加灰。

（3）混合料在生产厂存放时间过长或到工地堆放时间超过限期，活性氧化物失效。

石灰粉煤灰砂砾料主要是通过石灰中的活性氧化物（CaO和MgO）激发粉煤灰的活性，与石灰起化学反应，使掺入砂砾中的石灰粉煤灰逐渐凝固，将砂砾固结成整体材料，如无石灰或石灰含量低或石灰中活性氧化物含量低，将不能或不完全起化学反应，均达不到将砂砾固结成整体的作用，永远呈松散或半松散状态，混合料将结不成坚固的板体。

防治措施

（1）主管混合料生产质量的部门，要加强对生产厂拌和质量的管理。

（2）要求厂家逐步改造粗放的生产工艺为强制搅拌工艺，并提高厂家自我控制能力。

（3）要逐步实行优质优价政策，以激发厂家进行工艺改造。

（4）混合料在拌和厂的堆放时间不应超过4d；运至工地的堆放时间最多不超过3d，最好是随拌和随运往工地、随摊铺碾压。

（5）要求工地加作含灰量和活性氧化物含量的跟踪试验，如发现含灰量不够或活性氧化物含量不达标，要另加石灰掺拌，至达标为止。

【问题43】混合料配合比不稳定

现象

厂拌混合料的“骨灰比”，二灰比及含水量变化大，其偏差常超出允许范围。混合料的色泽不一，含水量多变。在现场碾压2～3遍后，出现表面粗糙，石料露骨或过分光滑。现场取样的试件强度离散大。

原因分析

(1) 采石厂供应的碎石级配不准确，料源不稳定；料堆不同部位的碎石由于离析而粗细分布不均、影响了配比、外观及强度。

(2) 消解石灰含水量过大、粉煤灰含水量受料源（池灰）及气候影响，灰堆与灰顶含水量不一，都影响了混合料含水量和拌和的均匀性。

(3) 拌和场混合料配合比控制不准，含水量变化对重量影响未正确估算；计量系统不准确或仅凭经验按体积比放料，甚至连续进料和出料，使混合料配合比波动。

(4) 混合料放到堆场时，由于落差太高造成离析；出厂又未翻拌，加剧了配合比变化。现场摊铺时，由于人工或机械原因造成粗细料分离。

防治措施

(1) 骨料级配必须满足设计要求，采购时应按规定采购，进料时进行抽检，符合要求后使用。

(2) 拌和场应设堆料棚，棚四周要有排水设施，使粉煤灰内水分充分排走。消解石灰的含水量应控制在 30%左右，呈粉状使用。

(3) 混合料拌和场，必须配备计量斗，对各种原材料按规定的重量比计量；要求不高时也可按材料松容重折算成体积比，进行计量控制。每种原材料的数量应控制在其使用量的±5%误差范围内。当含水量变化时，要随时调整计量，或调整体积比保证进料比准确。

(4) 混合料拌制时，拌和机应具备联锁装置，即进料门和出料门不能同时开启，以防连续出料，造成配合比失控。

(5) 堆场混合料有离析时，在出厂前必须用装载机（铲车）进行翻堆，使堆料上下翻拌均匀。装车时铲斗不要过高，以免混合料离析。

(6) 加强混合料配比抽检，凡超出质量标准范围，必须重新拌制，达到质量要求后才能出场。

(7) 发现现场的混合料粗细料分离，应在现场重新翻拌均匀后再摊铺或者退料。

(8) 局部范围出现露骨或过分光滑，可局部翻松 10cm 厚度以上，撒入预拌好的石灰粉煤灰细料或粗骨料，拌匀后，再重新碾压。掺加量视具体情况而定。

【问题44】摊铺时粗细料分离

现象

摊铺时粗细料离析（图2-4），也像级配砂砾出现梅花（粗料集中）、砂窝（细料集中）现象一样。

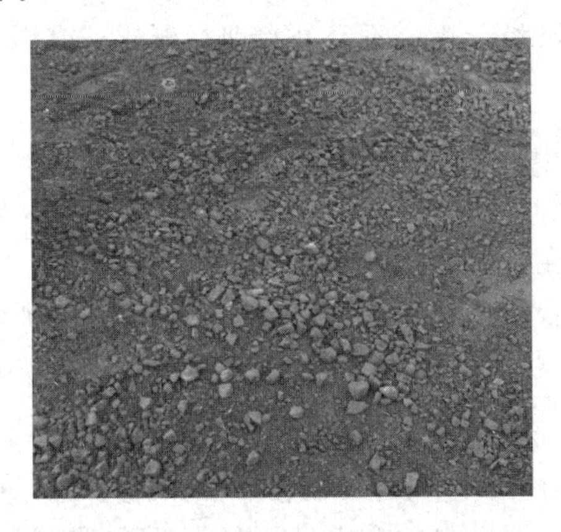

图2-4　粗细颗粒离析现象

石灰、粉煤灰和砂粒集中的部分，粗骨料少，强度低；粗骨料集中部分，石灰和粉煤灰结合料少，呈松散状态，形不成整体强度。这样的基层是强度不均匀的基层，易从薄弱环节过早破坏。

原因分析

由于在装卸运输过程中造成离析，或用机械摊铺时使粗细料集中，未施行重新搅拌措施，导致了混合料摊铺时粗细料离析，压实后表面呈现带状露骨现象。其危害是石灰、粉煤灰和砂粒集中的部分，粗骨料少，强度低；粗骨料集中部分，石灰和粉煤灰结合料少，呈松散状态，形不成整体强度。这样的基层是强度不均匀的基层，易从薄弱环节过早破坏。

防治措施

（1）提前对原材料供应商进行考察，对混合料的配合比、拌和工艺进行试拌和复验，保证出厂混合料均匀，含水量合适，这样可以有效预防摊铺时离析。

（2）通过试铺确定摊铺的最大宽度，一般应该控制在机器最大摊铺宽度的2/3，摊铺速度不大于4m/min。

（3）非机铺混合料进场时按摊铺厚度来估算卸料位置和堆放距离，采用拖卸方法，以减少翻卸造成的离析现象。

（4）出现离析现象后应及时扫嵌拌和均匀的石灰粉煤灰，扫嵌后适当洒水并碾压。基层表面如果出现小范围细骨料集中时，应及时进行翻挖，挖深在

100mm 以上。洒上适量的碎石，洒水、拌和、摊平、碾压，并与周边接顺好。如有离析现象及其严重的部位，并范围较大，应挖除重新铺筑。

【问题 45】 干碾压或过湿碾压

现象

混合料失水过多已经干燥，不经补水即行碾压；或洒水过多，碾压时出现“弹软”现象。

原因分析

（1）混合料在装卸、运输、摊铺过程中，水分蒸发，碾压时未洒水或洒水不足，或洒水过量。在搅拌场拌和时加水过少或过多。

（2）含水量对混合料压实后的强度影响较大。试验证明：当含水量处于最佳含水量＋1.5％和－1％时，强度下降 15％；处于－1.5％时，强度下降 30％。

防治措施

（1）混合料出场时的含水量应控制在最佳含水量－1％和＋1.5％之间。

（2）碾压前需检验混合料的含水量，在整个压实期间，含水量必须保持在接近最佳状态，即在－1％和＋1.5％之间。如含水量低且需要补洒水，含水量过高且需在路槽内晾晒，待接近最佳含水量状态时再行碾压。

【问题 46】 基层压实度不足

现象

压实度不合格或合格率低（图 2-5）。开挖样洞可看到骨料松散、不密实。

图 2-5　压实检测

原因分析

（1）碾压时，压路机吨位与碾压遍数不够。

（2）碾压厚度过厚，超过施工规范规定的碾压厚度。

（3）下卧层软弱，或混合料含水量过高或过低，无法充分压实。

（4）混合料配合比不准，石料偏少、偏细，二灰偏多。

（5）混合料的实际配合比及使用的原材料与确定最大干密度时的配合比及材料有较大差异。

防治措施

（1）碾压时，压路机应按规定的碾压工艺要求进行，一般先用轻型压路机（8～12t）稳压3遍，再用重型压路机（12～16t）复压6～8遍，最后用轻型压路机打光，至少两遍。

（2）严格控制压实厚度，一般不大于20cm，最大不超过25cm。

（3）严格控制好混合料的配比和混合料的均匀性，以及混合料的碾压含水量。

（4）对送至工地的混合料，应抽样进行标准密度的试验，通过试验来确定或修正混合料的标准密度。

（5）下卧层软弱或发生“弹簧”时，必须进行处理或加固。

（6）加强现场检验，发现压实度不足，应及时分析原因，采取对策。

【问题47】碾压成型后不养护

现象

混合料压实成型后，任其在阳光下曝晒和风干，不保持在潮湿状态下养护。

原因分析

（1）施工人员不了解粉煤灰在加入石灰后必须要在适当水分下才能激发其活性，生成具有一定水硬性化合物，将砂砾料固结成板体。

（2）混合料强度的增长是在适当水分、适当温度下随时间增长而增长。都是因为粉煤灰中的主要成分二氧化硅（SiO_2）和三氧化二铝（Al_2O_3）必须在适当水分下受石灰中活性氧化物的激发，才能发生“火山灰作用”，生成含水硅酸钙和含水铝酸钙，具有一定水硬性的化合物。如果混合料压实后的初期处于干燥状态，在石灰活性有效期内未能硬化，混合料将不能达到预期的板体强度。

防治措施

（1）加强技术交底，提高管理人员和操作人员对混合料养护重要性的认识。

（2）严肃技术纪律，严格管理，必须执行混合料压实成型后在潮湿状态下养护的规定。

（3）养护时间一般不少于 7d，直至铺筑上层面层时为止，有条件的也可洒布沥青乳液覆盖养护。

【问题 48】混合料不成形、弯沉值达不到设计要求

现象

养护期满后，混合料不结成板体，有松软现象，基层弯沉值超过设计规定。

原因分析

（1）采用了劣质石灰或石灰堆放时间较长，游离氧化钙含量少，或石灰未充分消解、遇水后膨胀，造成局部松散。

（2）冬期施工，气温低或经受冰冻，影响了强度的发展。

（3）混合料碾压时，含水量过小，碾压时不成型，影响强度增长。

（4）混合料碾压时，发生“弹簧”，甚至产生龟裂，压实度不足，使混合料不结硬或强度低下。

防治措施

（1）在拌和混合料之前，应检查所用消解石灰的质量，高等级道路及需提前开放交通的道路，应采用三级以上的块灰，充分消解。

（2）一般道路可采用石灰下脚发或化工厂的电石渣，但禁止使用游离氧化钙含量低于 30%的石灰。

（3）石灰应先消解先用，后消解后用，以防止石灰堆放时间过长而失效，一般不宜超过 15d。

（4）混合料施工气温应在 5℃以上；若冬期施工时，应掺加早强剂，以提高其早期强度。

（5）混合料辗压时的含水量应严格控制在允许范围内，避免过干或过湿，并确保达到应有的压实度。

（6）弯沉值达不到设计值时：

1）若弯沉值虽未达设计要求，但有一定的强度，则可延长养护时间，进一步观测。一般来说，冬季混合料强度增长比较缓慢，但天气转暖后强度会迅速增长。

2）现现场挖取样品，做室内标准状态下无侧限饱水抗压强度试验，若抗压强度明显低于规范要求，应进行具体分析，如无特殊施工原因，则应翻掉置换。

【问题49】施工接缝不顺

现象

在道路施工中经常出现由于不确定因素导致的施工不连续，这样在下次继续施工时会出现接缝处理问题，如果处理不好，会导致基层表面拼缝不顺直，或在拼缝处有明显的高低起伏。

原因分析

（1）先铺的混合料压至边端时由于堆挤的原因，而造成“低头”现象，而在接缝时并未对其进行翻松，导致压缩系数不同，此处高低不平。

（2）由于先铺部分边端未压实，后铺部分接上去以后虽然标高一致，但其压缩系数不同导致形成高带。

防治措施

（1）精心组织施工，尽可能的长段落施工，减少施工缝的出现。

（2）在分段碾压时，拼缝一端应预留一部分（3～5m）不压，以防止推移、影响压实，同时又利于拼接。

（3）摊铺前，应将拼缝处已压实的一端先翻松（长度为0.5～1m）至松铺厚度，连同未压部分及新铺部分一起整平碾压，使之成为一体。

（4）人工摊铺时，尽量要整幅摊铺，以消除纵向拼缝。摊铺机摊铺时，新铺部分与原铺部分要有0.5m左右的搭接，发现接缝局部漏料时应立即修整。待第二幅摊铺完成以后，再开始第一幅的碾压，以防止碾压时的横向推移。

【问题50】施工平整度差

现象

压实后表面平整度不好，不符合质量验收标准（图2-6）。

图2-6　道路底基层横坡不符合设计要求

原因分析

（1）人工摊铺时没有按方格网控制平整度，只靠肉眼在小面积内控制平整，大面积就无法控制。

（2）机铺时不能均匀行驶、连续供料，停机点往往成为不平点。由于分料器容易将粗料往两边送，压实后形成“骨料窝”，影响平整度。

（3）混合料系由几家单位供应，故级配区别较大，影响松铺系数和压实系数；混合料的含水量不均匀，混合料离析，粗细不匀，均对平整度产生不良影响。

（4）下卧层不平，混合料摊铺时虽表面平整，但压缩量不均匀，产生高低不平。

防治措施

（1）非机铺时，在基层两侧及中间设立标高控制极，纵向每5m设一个断面，形成网格，并计算混合料摊铺量，以此作为控制摊铺的基准和卸料的依据。

（2）机铺时要保证连续供料，匀速摊铺，分料器中的料应始终保持在分料器高度的2/3以上。

（3）类同或同一厂家的料铺在同一段上，不要混杂；不同厂家的料松铺系数应由试验确定；混合料配比应稳定，含水量均匀，以减少供料离析程度。

（4）下卧层的平整度应达到验收要求。

（5）卸料后宜及时摊铺，若堆放时间较长，摊铺时，应将料堆彻底翻松，使混合料的松铺系数均匀一致。

（6）用铲车、推土机摊铺时，其行驶路线应该均匀，不应随意加铺混合料，以防松紧不一。

（7）摊铺好以后，应进行摊铺层平整度修整，然后进行碾压。

（8）先进行初压，初压后，若发现局部平整度不好，超高部分凿平，低凹部分可将其至少翻松至10cm以上，再加混合料，摊平碾压密实，严禁贴薄层。

第3章　混凝土路面面层工程

3.1　混凝土面层缺陷

【问题51】板面起砂、脱皮、露骨或有孔洞

现象

混凝土硬化后，板面表层粗麻，砂粒裸露，或出现水泥浆皮脱落，或经车辆走轧细料脱落，骨料外露。容易降低混凝土板的抗磨性能，失去保护层，随着时间的延长，可能出现深度的破损、出坑，造成路面的严重不平坦，降低路面的使用寿命。

原因分析

(1) 混凝土板养护洒水时间过早或在浇筑中刚刚成活后遇雨，还未终凝的表层受过量水分的浸泡，或成活时洒水，水泥浆被稀释，不能硬化，变成松散状态，水泥浆失效，析出砂粒，开放交通后表层易磨耗，便露出骨料。

(2) 混凝土的水灰比过大，板面出现严重泌水现象，成活过早或撒干灰面，也是使表层剥落的一个原因。

(3) 冬季用盐水除雪，也易使板面剥落。

(4) 振捣后混凝土板厚度不够，拌砂浆找平或用推擀法找平，从而成一层砂浆层，造成路表面水灰比不均匀，出现网状裂缝，在车轮反复作用下，导致出现脱皮、露骨、麻面等现象。

(5) 混凝土板因施工质量差，或混凝土材料中夹有木屑、纸、泥块和树叶等杂物，或春季施工，骨料或水中有冰块，造成混凝土板面出现孔洞。

防治措施

(1) 要严格控制混凝土的水灰比和加水量，水灰比不能大于0.5。成活时，严禁洒水或撒干灰面。

(2) 养护开始洒水时间，要视气温情况，气温较低时，不能过早洒水，必须当混凝土终凝后再开始覆盖洒水养护。

(3) 雨期施工应有防雨措施，如运混凝土车应加防雨罩。铺筑过程中遇雨应及时架好防雨罩棚。

(4) 防止混凝土浇筑时，混入木屑、碎纸和冰块；砂、石材料要检测泥块含量，并加以去除泥块的处理；混凝土应振捣密实。

（5）对于孔洞、局部脱落产生的露骨、麻面：轻微者，可用稀水泥浆进行封层处理；如特别严重时，可先把混凝土路面凿去 2～3cm 厚一层，孔洞处凿成形状规矩的直壁坑槽，应注意防止产生新的裂缝，然后吹扫干净，涂刷一层沥青，用沥青砂或细粒式沥青混凝土填补夯平。

【问题 52】板面平整度差

现象

（1）在单位板块范围内有鼓包、缓坑、浅搓板状波浪。

（2）在混凝土板面上留下了脚印、草袋印等影响平整度和外观质量的问题。

（3）鼓包、缓坑、搓板、波浪、印痕等不仅影响平整度质量和外观质量，而且平整度偏差大，易形成路面积水，加上车载颠簸冲击，路面极易损坏。路面不平，影响车速和舒适性，降低投资效益。

原因分析

（1）没有使用行夯和滚杠刮、压平整，或虽使用，但振捣工艺粗糙，局部未振实，找平后产生不均匀沉降，或虽振实，但找平工作不细。

（2）找平时，低洼处填补砂浆过厚，硬化收缩大，较骨料多的部位为低。或因混凝土离析，成活硬化后，骨料多和骨料少的部位产生了不均匀收缩。

（3）混凝土板在刚刚成活后，尚未达到终凝，即直接覆盖草帘、草袋或上脚踩踏，或在养护初期放置重物，在混凝土板面上压出印痕。

防治措施

（1）混凝土在运输、摊铺过程中，要防止离析，对离析的混凝土要重新搅拌均匀。

（2）摊铺后，应用插入式振捣器沿边角按顺序先行振捣，再用平板振捣器全面纵横振捣，每次重叠 10～20cm，然后用行夯和滚杠振捣、整平板面。对低洼处要填补带细骨料的混凝土，严禁用纯砂浆填补。

（3）当混凝土板成活后，未结硬前，暂时不能急于覆盖，应在板面成活 2h 后（混凝土终凝后）当用手指轻压不现痕迹时，方可覆盖并洒水养护。

（4）在强度达到 40%（一般 5d 以后）方可上脚踩踏，放置轻物。必须达到设计强度时，方可开放交通。

【问题 53】混凝土板面出现死坑

现象

（1）混凝土板经开放交通后，其表面出现由于泥块、煤块、砖块等软颗粒形成的死坑。

（2）路面坑洞，影响平整度、行车速度和行车舒适性。

（3）如果表面出现杂质，说明混凝土内面也存在软弱杂质，相当于混凝土内有空洞，极影响混凝土的整体强度。

原因分析

未把住材料质量关，主要是骨料中不洁净，含杂质多，或存在软弱颗粒又未采取措施予以清除。

防治措施

要严把材料质量关，除对骨料按规范要求做相关试验外，还要特别注意对外观质量的检查，如含杂质过多则严禁使用，少量杂质也应清除。

3.2 混凝土面层裂缝

【问题54】胀缝处破损、拱胀、错台、填缝料脱落

现象

混凝土路面当运行一段时间后，胀缝两侧的板面即出现裂缝、破损、出坑。严重时出现相邻两板错台或拱起。胀缝中填料挤出被行车带失。

（1）水泥混凝土路面损坏所造成的坑洞、错台，是很难修补的，以前只能用沥青混凝土修补、接顺，不仅破坏了路容，同时刚、柔结合也很难持久。近年来虽有用速凝水泥混凝土修补方法，但费工费时，效率低、造价高。

（2）一旦修补不及时，坑槽越来越多，车速上不去，机件受损伤，舒适度大大降低。如果发生拱胀，严重时还会酿成车毁人亡的惨剧。

原因分析

（1）胀缝板歪斜，与上部填缝料不在一个垂直面内，通车后即产生裂缝，引起破坏。

（2）缝板长度不够，使相邻两板混凝土连接，或胀缝填料脱落，缝内落入坚硬杂物，热胀时混凝土板上部产生集中压应力，当超过混凝土的抗压强度时，板即发生挤碎。

（3）胀缝间距较长，由于年复一年的热胀冷缩，使伸缩缝内掉入砂、石等物，导致伸缩缝的宽度逐年加大，热胀时，混凝土板产生的压应力大于基层与混凝土板间的摩擦力（但未超过混凝土的抗压强度时），以致相邻两板拱起。

（4）胀缝下部接缝板与上部缝隙未对齐，或胀缝不垂直，则缝旁两板在伸胀挤压过程中，会上下错动，形成错台；由于水的渗入使板的基层软化；或传力杆放置不合理，降低传力效果；或交通量、基层承载力在横向各幅分布不均，形成各幅运行中沉陷量不一致；或路基填方土质不均、地下水位高、碾压不密

实，冬季产生不均匀冻胀。上述四种情况均会产生错台现象。

(5) 由于板的胀缝填缝料材质不良或填灌工艺不当，在板的胀缩和车辆行驶振动作用下，被挤出、被带走而脱落、散失。

防治措施

对新建路面：

(1) 胀缝板要放正，应在两条胀缝间作一个浇筑段，将胀缝板外加模板，以控制缝板的正确位置；缝板的长度要贯通全缝长，严格控制使胀缝中的混凝土不能连接。认真、细致做好胀缝的清缝和灌缝操作。

1) 清缝作业要点。

①对缝内遗留的石子、灰浆、砂土、锯末等杂物，应仔细剔除刷洗干净，胀缝要求全部贯通，看得见下部缝板，混凝土板的侧面不得有连浆现象。

②将缝修成等宽、等深、直顺贯通。

③用空压机的高压气流吹净胀缝并晾干。

2) 灌缝作业要点。

①缝口上的板面刷石灰水浆（1∶2）作防粘。缝底及缝壁内涂一层冷底子油（沥青与汽油掺合比例4∶6或5∶5）。

②将长嘴漏斗插入缝内，灌入混合料，边灌（或塞）边插扦、捣实，可分成两次灌，灌满后铲平。

③冷缩后用加热的“缝溜子”烫熨光平，并撒少量滑石粉。

(2) 填缝料要选择耐热耐寒性能好，粘结力好，不易脱落的材料。目前采用的有沥青橡胶填料和聚氯乙烯胶泥。

(3) 要求土基和基层的强度要均匀；当冰冻深度较大时，要设置足够厚度的隔温垫层，如石灰稳定炉渣、矿渣层等。水泥混凝土路面防冻最小厚度见表3-1。

表3-1　混凝土路面防冻厚度

路基类型	路基土质	当地最大冰冻深度/m			
		0.50～1.00	1.01～1.50	1.51～2.00	>2.00
中湿	低、中、高液限黏土	0.30～0.50	0.40～0.60	0.50～0.70	0.60～0.95
	粉土，粉质低、中液限黏土	0.40～0.60	0.50～0.70	0.60～0.85	0.70～1.10
潮湿	低、中、高液限黏土	0.40～0.60	0.50～0.70	0.60～0.90	0.75～1.20
	粉土，粉质低、中液限黏土	0.45～0.70	0.55～0.80	0.70～1.00	0.80～1.30

注：1. 冻深小或填方路段，或基、垫层为隔湿性能良好的材料，可采用低值；冻深大或挖方及地下水位高的路段，或基、垫层为隔湿性能较差的材料，应采用高值；

2. 冻深小于0.5m的地区，一般不考虑结构层防冻厚度。

当对现有路基加宽时，应使新、旧路基结合良好，压实度符合有关标准要求。

基层和垫层的压实工作，必须在冻结前达到要求压实度和强度。

(4) 胀缝设传力杆的，传力杆必须平行于板面和中心线。传力杆要采取模板打眼或用固定支架的方法予以固定。如在浇筑混凝土过程中被撞碰移位，要注意随时调正。如果加活动端套管的，要保证伸缩有效。

对已运行路面：

(1) 伸缩缝填料，不是填一次一劳永逸的，而是要做定期维护，一般是在冬季。伸缩缝间距最大时，将失效的填料和缝中的杂物剔除，重新填入新料，保持伸缩缝经常有效。

(2) 对接缝挤碎部分，用切割机和凿岩机开出深度不小于10cm方正的直壁槽形。修补时先在清洗干净的槽面上涂刷一层由早强界面处理剂配制的增强浆。使用时注意旧的混凝土基面一定要清洗干净，将ZV型界面剂和快硬硫铝酸盐水泥按1∶1的重量比拌成界面增强浆，用油刷将增强浆涂刷在旧基面上，马上浇筑特快硬混凝土。将混凝土振捣密实，表面抹平后4h，就可以通车使用，此时混凝土抗压强度已大于20MPa，新旧混凝土间的粘结强度大于1MPa。特快硬混凝土适用的温度范围为5～35℃。

特快硬混凝土的技术要点是：

1) 选用强度等级42.5的快硬硫铝酸盐水泥。

2) 必须掺CNL型促硬剂。要根据施工气温，选用不同型号的促硬剂，同时适当调整掺入量。

3) 适当降低混凝土的水灰比，尤其在温度较低时，尽量减小水灰比，以提高早期强度。

4) 混凝土的初始坍落度以2～3cm为宜，由于CNL型促硬剂具有缓凝作用，0.5h后坍落度仍可保持在1cm以上，保证了充裕的操作时间。

5) 特快硬混凝土在气温为5～35℃的适用范围内，其抗压强度4h大于20MPa；采用ZV型早强界面剂进行界面处理后，新旧混凝土的4h抗折粘结强度大于1MPa。

6) 配制特快硬混凝土使用的快硬硫铝酸盐水泥初凝时间不早于25min，终凝不迟于3h；由于其生成的水泥石致密，抗渗性能很好；CNL型促硬剂由对硫铝酸盐水泥起促硬早强、缓凝、减水作用的多种组分并添加适量助剂配制而成。该促硬剂有水剂和粉剂两类，按适用气温，分为以下三种型号：CNL-1型适于5～15℃气温，CNL-2型适于15～25℃气温，CNL-3型适于25～35℃气温。

(3) 当伸缩缝因伸胀拱起，或因沉降产生严重错台时，应用切割机和凿岩机将翘起部分刨除，然后重新浇筑快硬性混凝土。

【问题55】混凝土板块裂缝

现象

板块裂缝主要有以下几种现象：

（1）发状裂纹，只是浅表层细小裂纹。浅表层发裂纹，影响表层的耐久性和抗磨性，也影响外观质量。

（2）局部性裂缝：如板块不规则断裂和角隅处折裂。混凝土板的裂缝和断裂，都破坏了板块的整体性。如属于断裂，一则雨水易浸软路基，二则板块变小，加大单位面积对路基层的压力，基层易产生不均匀变形，板块便会变得高低不平。

（3）全面性贯穿裂缝：如工作缝（即两次浇筑的混凝土接缝）处断裂，或板块横向裂缝。

板块裂缝易掉进杂物，当混凝土热胀时，易挤碎裂缝两侧的混凝土，加速板面的不平整。

原因分析

（1）浅表层发状裂纹主要是养护不够，表层风干收缩所致。

（2）角隅处的裂缝，是由于角隅处与基层接触面积较小，单位面积所承受的压力大，基层相对沉降就大，造成板下脱空，失去支承，角隅处便易断裂。角隅处振捣不实也是一个原因。

（3）板块横向裂缝可能有两种情况，一种是切缝时间过迟，造成了收缩裂缝；一种是开放交通后，路面基层有下沉，造成板块折裂（包括纵向和不规则裂缝）。

（4）土基强度不够或不均匀；或春秋两季施工的混凝土路面，白天与晚上的温差大，因温差影响产生较大的翘曲应力而产生板体开裂。

（5）由于施工操作失误或原材料问题产生的裂缝。

1）小窑水泥的使用，由于其技术指标不稳定而造成的开裂。

2）板块混凝土振捣，如在某个断面振捣过多，造成该断面混凝土产生分层离析，致使下沉骨料集中，浆体含量少，收缩值小，上层浆体中骨料少，收缩值大，该断面很容易出现裂缝。

3）施工中两车料相接处振捣时，没有特别注意，使振捣不密实，蜂窝较多，形成一个强度薄弱的横断面。

4）真空吸水的搭接处，处理不合理，造成混凝土板含水量分布不均匀，中部已达到塑性强度，边部仍呈弹软状态，这样搭接处也容易出现裂缝。

5）因施工时不中断交通，半幅路施工，混凝土在塑性强度时浇筑，由于旁边重型车辆行驶产生的振动，造成板体有可能出现裂缝。

防治措施

（1）混凝土板成活后，按规范规定时间（缝凝）及时覆盖养护，养护期间必须经常保持湿润，绝不能曝晒和风干，养护时间一般不应少于 14d。

（2）混凝土的工作缝，不应赶在板块中间，应赶在胀缝处。

（3）切缝时间。当混凝土达到设计强度的 25%～30%时（一般不超过 24h），可以切缝。从观感看，从切缝锯片两侧边不出现超过 5mm 毛槎为宜。

（4）水泥混凝土路面对路基各种沉降是敏感的，即使很小的变形也会使板块断裂，因此对路基和基层的压实度、稳定性、均匀性应更严格要求。

（5）角隅处要注意对混凝土的振捣，必要时可加设钢筋，软路基地段，可作加固设计，做成钢筋混凝土路面板。

（6）控制拌制混凝土所用原材料，特别是水泥的技术指标，要符合相关标准要求。

（7）混凝土振捣时，注意那些易产生不密实的部位的振捣；防止发生过振产生的混凝土分层。

（8）注意处理好真空吸水搭接处，半幅路施工浇筑中防止混凝土振动开裂等特殊问题。

（9）对于混凝土板出现的裂缝，应随时根据开裂程度，用以下各种方法进行修补，防止水分侵蚀路面基层。

$$\text{裂缝度} = \frac{\text{裂缝纵向长度的总和(cm)}}{\text{调查路段面积(m}^2\text{)}} \tag{3-1}$$

1）当裂缝度不大于 $20cm/m^2$，没有路面其他变形现象时，可清凿出施工面后，用环氧砂浆修补。

2）当裂缝度不小于 $20cm/m^2$，裂缝较宽时（超过 0.5cm 以上），将裂缝边缘凿成一个凹面，清洗干净，用稀沥青在缝边涂刷一遍，再用沥青砂或细粒式沥青混凝土填满夯实，表面用烙铁烙平。

3）当裂缝度大于 $30cm/m^2$ 时，应与路面强度一并考核，作全面翻修或局部翻修后再做全面罩面处理。

4）对路面板块横向裂缝，采用局部翻修。

【问题 56】纵横缝不顺直

现象

板块与板块之间纵横向分缝不直顺，弯曲程度严重者超标（20m 小线量不大于 10mm）达几倍。

原因分析

纵缝：

（1）主要是模板固定不牢固，混凝土浇筑过程中跑模。

（2）模板直顺度控制不严。

（3）成活过程中，没有用“L”形抹子压边修饰，砂浆毛刺互相搭接，影响直顺度。

横缝：

（1）胀缝，主要是分缝板移动、倾斜、歪倒造成不直顺。

（2）缩缝，主要是切缝操作不细，要求不严，造成弯曲。

防治措施

（1）纵缝。

1）模板的刚度要符合要求，板块与板块之间要连接紧密，整体性好，不变位。模板固定在基层上要牢固，要具有抵抗混凝土侧压力和施工干扰的足够强度。

2）应严格控制模板的直顺度，应用经纬仪控制安装，同时在浇筑过程中还要随时用经纬仪检查，如有变位要及时调整。

3）在成活过程中，对板缝边缘要用“L”形抹子抹直、压实。

（2）横缝。

1）要保证胀缝缝板的正确位置，必须采取胀缝外加模板，以固定胀缝板不致移动。

2）切缝机切缝，要事先在路面上打好直线，沿直线仔细操作，严防歪斜。

【问题 57】相邻板间高差过大

现象

在纵、横缝两侧的混凝土板面有明显高差（错台），有的达 1～2cm。相邻板高差影响量测质量、外观质量。从使用功能上看，路面不平，造成跳车。从对影响结构质量来看，对相对低的一侧板体加大了冲击力，会使低一侧的板更低，严重时会造成过早破坏。

原因分析

（1）主要是对模板高程控制不严，在摊铺、振捣过程中，模板浮起或下降，或者混凝土板面高程未用模板顶高控制，都可能是造成混凝土板顶高偏离的原因。

（2）在已完成的板间浇筑时不照顾相邻已完成板面的高度，造成与相邻板的高差。

（3）由于相邻两板的基础有一侧不坚实，通车后造成一侧沉降。

防治措施

（1）按规范要求要用模板顶高程控制路面板高程。

（2）在摊铺、振捣过程中要随时检查模板高程的变化，如有变化应及时调整。

（3）在摊铺、振捣、成活全过程中，应时刻注意与相邻已完板面高度相匹配。

（4）对土基、基层的压实度、强度与柔性路面一样也应严格要求，对薄弱土基同样应作认真处理。

第 4 章 沥青路面面层工程

4.1 沥青面层

【问题 58】路面平整度差

现象

（1）人工摊铺沥青混凝土，经搂平、碾压后尚较平整（图 4-1），当开放交通后路面出现波浪或出现“碟子”坑、“疙瘩”坑。

图 4-1 沥青路面平整

（2）机械（摊铺机）摊铺的沥青混凝土，开放交通后也会出现波浪、鼓包、洼兜等平整度较差的现象，只是在相同底层条件下较人工摊铺好一些罢了。

原因分析

（1）底层平整度差，因为各类沥青混合料都有它一定的压实系数，不论是人工摊铺还是机械摊铺，由于底层高低不平，而虚铺厚度有薄有厚，碾压后，特别是开放交通后，薄处沉降少，则较高，厚处沉降多，则较低，表面平整度则差。

（2）料底清除不净，用人工摊铺时，往往将沥青混凝土直接倾卸在底层上，粘结在底层上的料底清除不净，或把当天的剩料胡乱摊在底层上，充当一部分摊辅料，但它已经压实、冷凝，大大缩小了压实系数，当新料补充搂平压实后，形成局部高突、疙疙瘩瘩，不平整。为了更深一步认识这一主要影响路面平整度的通病，再以图示和数据来剖析一下因底层平整度差，虚摊厚度不一致，造成路面平整度差的原因。沥青混凝土路面，按压实系数 $K=1.3$ 计算，那么铺筑

$H=5\text{cm}$ 沥青混凝土，它的虚铺厚度（h）就应该是：

$$h = KH\text{;即 } h = 1.3\times5 = 6.5\text{cm}$$

（3）摊铺方法不当，人工摊铺，由于摊铺时用铁锹抛撒，或运输卸料时的冲击力，将抛撒和卸料的核心部分砸实，或人、车在虚铺混合料上乱踩乱轧，而后又搂平，致使整体虚实不一致，碾压、开放交通后，虚处则低，实处则高，平整度差。机械摊铺，调平装置性能不稳定，忽高忽低，或摊铺控制高程不准确或无控高依据（局部），或摊铺速度过快，未能使卸下的温度不一致，松密度不同的油料搅拌均匀即铺筑在路面上造成平整度差。

（4）碾压操作失当，一是油温过高，二是碾压速度过快，造成油料推挤，或是碾轮无序碾压，使平整度降低。

（5）油料供应不上，或机械故障，或人为因素（如停机吃饭）中途停机，或在未经冷却的油面上停碾，都会酿成局部不平整。

防治措施

（1）首先要解决底层平整度问题，这里所指的底层是泛指，如果沥青混合料面层分三层铺，那么表面层的底层为中面层（中粒式沥青碎石或中粒式沥青混凝土），中面层的底层是底面层（粗粒式沥青碎石式粗粒式沥青混凝土），底面层的底层是道路基层，基层的底层是道路路基（土路基），每一层的平整度都对上一层平整度至关重要。所以要按照质量检验评定标准中对路面各层要求严格控制，认真检验。特别是在保证各层压实度和纵横断高程的基础上，把平整度提高标准进行控制，最后才能保证表面层平整度的高质量。从施工技术管理上，对底层纵横断高程应用五点五线法加密检查点（图4-2）；在技术操作上，按照高程控制的要求，加细找补和修整；在机具设备上，对城市快速路、主干路、高速公路、一级公路，必须使用平地机修整路基和基层的平整度。对于小面积和零星路面的铺筑，包括旧路加铺和掘路补修，也应十分注意对底层平整度的要求。

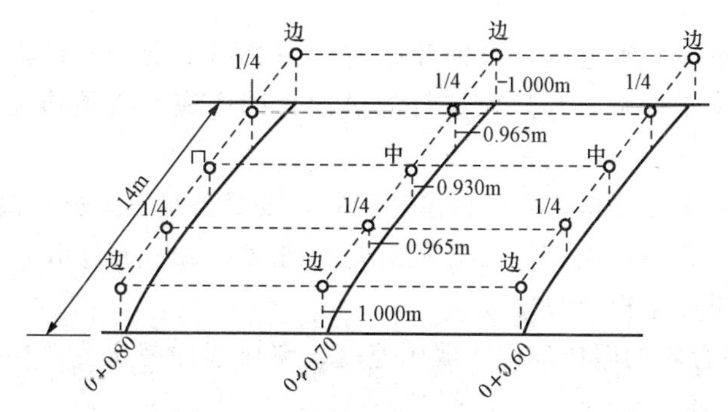

图4-2　路面平整度及高程检控的五点五线法示意图

五点、五线法检查、控制高程和平整度做法如图4-2所示。

上例路宽为14m，横坡为直线坡，坡率为1%，用五点五线法检查纵横断面高程和平整度。边桩放高1m，中线高应为1－(14/2)×0.01＝0.93m；丢处高应为1－(14/4)×0.01＝0.965m。

五点：即在每一个横断面上，均匀分成五个点，按一个固定高程拉一条线，再按上述计算的数据检查在横断面上的横断高程。

五线：即在相邻两个横断面之间，按五个相对应的点分别纵向拉五条线，再按上面计算的数据检查纵向高程。

这样通过五点五线检查的成果来全面修整路基或基层的高程和平整度。

(2) 关于摊铺方法问题。

1) 小面积或无条件使用摊铺机时，要严格按照操作规程规定的方法摊铺，即采用扣锹法，不准扬锹，要锹锹重叠，扣锹时要求用锹头略向后刮一下，以使厚度均匀一致。使用手推车和装载机运料时，应用热锹将料底砸实部分翻松后摊平，以求各处虚实一致。搂平工序，不能踩踏未经压实的虚铺层，要倒退搂平一次成活，如再发现有不平处，可备专用长把刮板找补搂平。

沥青混合料应卸在铁板上，不能直接倾卸在铺筑底层上。如果要卸在底层上，则必须设法清除干净。剩余冷料不能直接铺筑在底层上充当一部分层厚，应加热另作他用。

2) 机械摊铺。

①摊铺前应加强对摊铺机的维修保养，防止摊铺过程出现停机故障，特别是调平系统运行的稳定性。必要时应经试验段予以检验。

②重要路段、大面积摊铺，必须设有备用机械。

③摊铺所需要的路面高程应事先设定。设立道牙的要在道牙上弹出路面各层的墨线，未设立道牙的要在路面底层上给出各层高程，同时高程线必须连续，不得有断线。路面边缘高程一般不以缘石、平石顶为依据，应走平衡梁或钢丝绳。

④油料的供应必须连续，摊铺开始前，一般不得少于5辆供油车待铺，过程中一般不得少于3辆。与厂家签订的供油合同中应有必须连续供应条款，防止中断。

⑤摊铺过程不能停机，中间休息和用餐，要具备足够人员轮换。

⑥摊铺机的行进速度，要按规范规定的速度（2～6m/min）行进。同时要求必须匀速行进，不得忽快忽慢。

3) 沥青混合料的碾压油温、碾压速度、碾压程序一定要严格按规范规定的要求掌控。

①沥青混合料的施工温度应严格管理，设专人、专用测温设备控制各施工

阶段的油温，应根据沥青品种、标号、黏度、气温条件及层铺厚度进行选择。

②碾压程序及碾压速度：压实应按初压、复压、终压三个阶段进行，压路机应以慢而均匀的速度碾压，其碾压路线及碾压方向不应突然改变，导致混合料推移。碾压区的长度应大体稳定，两端折返位置应随摊铺机前进而推进，横向不得在同一断面上。

【问题 59】路拱不正，路面出现波浪形

现象

路拱不饱满，局部高点偏离中心线，或在路面纵向出现波浪，特别是靠近立道牙的偏沟部位出现路边波浪较多，使立道牙外露不一致。

原因分析

主要是路面结构各层的纵横断高程控制不力，或在两相邻控制点（桩点）距离偏大，在两桩点之间的高程出现较大偏差，形成桩点处高于或低于两桩点之间的路面高程，即波浪。

防治措施

（1）路基和路面基层都应用五点五线法检查控制纵、横断面高程，做到纵、横断面平顺，路拱一致、饱满。

（2）要控制好沥青混合料面层各层的虚铺厚度。人工摊铺要采用放平砖的方法。

（3）特别应该加细控制两雨水口之间的路边高程，切勿低于下游雨水口附近高程，消除路边波浪和路边积水。

【问题 60】路面非沉陷型早期裂缝

现象

（1）路面碾压过程中出现的横向微裂纹，往往是某区域的多道平行微裂纹，裂纹长度较短。

（2）采用半刚性基层材料做基层的沥青路面，通车后半年以上时间出现的近似等间距的横向反射裂缝。

（3）路面在纵、横向接槎处产生不规则纵、横裂缝；或冬季发生的冻胀纵、横裂缝。

（4）路面出现的凸起开花和不规则短裂缝。

原因分析

（1）碾压当中出现短小微小裂缝的原因是：

1）由于碾压前沥青混合料摊铺时间过长，其表面变冷，形成僵皮，其内部

较热，可塑性好，形成压路机串皮碾压，或过早使用重碾，均会造成沥青混合料在压路机碾轮前出现波浪；或由于底层与面层粘结不好（如下层表面脏污，或没有喷洒黏层油），或过碾产生推移横裂纹。

2）压路机加速或减速太猛，尤其是转向时过猛，产生路面横纹。

3）沥青混合料过细，其结合料太少（即油石比过低）；上碾过早，沥青混合料温度过高；沥青混合料中骨料级配太差，石料偏少；由于刮风下雨或喷水防粘时碾轮喷水过量等，造成沥青混合料温度过低，都会产生横向微裂纹。

4）整平找补料层过薄；或在坡道上摊铺沥青混合料过厚；或对薄层沥青混合料过度辗压等产生的横向微裂纹。

（2）在路面上出现半刚性基层开裂反射的或自身产生的较规律的横向裂缝，其产生的原因是：

1）石灰土、水泥土或其他无机结合料的基层、垫层，由于碾压后未能潮湿养护，造成较大的干缩反射上来的横裂。

2）寒冷地区，沥青面层或半刚性基层低温收缩，造成变形受阻产生的横向开裂。

（3）由于道路发生冻胀，产生的路面拱起开裂。

（4）由于沥青原材料低温延性差或沥青混合料粘结力低，造成路面早期开裂。

（5）由于石灰土、石灰粉煤灰砂砾中有未消解灰块，当压实后消解膨胀，造成其上沥青路面膨胀开裂（开花）。

（6）当沥青混合料分幅碾压或纵向接槎时，由于接槎处理不符合操作规程要求而造成接槎开裂。

防治措施

（1）在沥青混合料摊铺碾压中做好以下工作，防止产生横向裂纹。

1）严把沥青混合料进场摊铺的质量关，凡发现沥青混合料级配不佳，骨料过细，油石比过低，炒制过火，必须退货并通知生产厂家，严重时应向监督部门报告。

2）严格控制摊铺和初压、复压、终压的沥青混合料温度，施工组织必须紧密，大风和降雨时停止摊铺和碾压。

3）严格按碾压操作规程作业。平地碾压时，要使压路机驱动轮总接近摊铺机；上坡碾压，压路机驱动轮在后面，使前轮对沥青混合料预压，下坡碾压时，驱动轮应在后面，用来抵消压路机自重产生的向下冲力。碾压前，应用轻碾预压。压路机起动、转向都要平稳。停驶、转移、转向时，关掉振动挡。压路机停车、转向必须在压好的、平缓的路段上。

4）双层式沥青混合料面层的上下两层铺筑，宜在当天内完成。如间隔时间较长，下层受到污染，铺筑上层前应对下层进行清扫，冲洗晾干，并应浇洒适量黏层沥青。

5）沥青混合料的松铺系数宜通过试铺碾压确定。应掌握好沥青混合料摊铺厚度，使其等于沥青混合料层设计厚度乘以松铺系数。

6）宜采用全路宽多机全幅摊铺，以减少纵向分幅冷接槎。

（2）按规范要求做好纵横向接缝。纵缝要尽量采取直槎热接的方法，摊铺段不宜太长，一般在60～100m之间，于当日衔接，当第一幅摊铺完后，立即倒至第二幅摊铺，第一幅与第二幅搭接2.5～5cm，然后再摊回碾压（图4-3）。不是当日衔接的纵横缝上冷接槎，要刨直槎，涂刷粘层边油后再摊铺。横向冷接槎，可用热沥青混合料预热，即将热沥青混合料敷于冷槎上厚10～15cm，宽15～20cm，待冷槎混合料融化后（5～10min），再清除敷料，进行搂平碾压。或用喷灯烘烤冷槎后立即用热沥青混合料接槎压实。

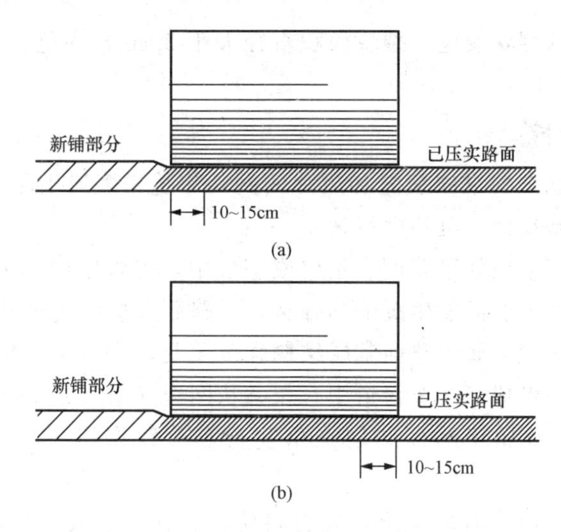

图4-3　纵缝冷接缝的碾压

（3）在设计和施工中采用下列措施，防止石灰土等半刚性基层的收缩裂缝。

1）控制基层施工中，压实时的含水量，采用0.9乘以最佳含水量，可降低其干缩系数。

2）设计中，在半刚性基层上，加铺厚不小于10cm的沥青碎石，或厂拌碎石联结层，可降低裂缝向沥青混合料面层的反射程度。

3）在半刚性基层材料层中，掺入30%～50%的2～4cm粒径的碎石，可减少收缩裂缝，并提高碾压中抗拥推的能力。

4）对半刚性基层碾压后潮湿养护，随气候湿度不同，至少5～14d为宜。

（4）控制沥青混合料所用沥青的延度，或进行低温冷脆改性。拌制沥青混合料时，防止加热过度，避免沥青混合料“烧焦”。

（5）对于碾压中出现的横向微裂纹，可在终碾前，用轮胎碾进行复压，往往可予以消除。对由于半刚性基层开裂反射上来的裂缝，缝宽在6mm以内的，可用热沥青灌缝。缝宽大于6mm的，将裂缝内杂质处理干净后，用沥青砂或细粒式沥青混凝土进行填充、捣实，并用烙铁熨平。对发裂、轻微龟裂，可采用刷油法处治，或进行小面积的喷油封面，防止渗水使裂缝扩大。

【问题61】路面沉陷性、疲劳性裂缝

现象

（1）路面产生非接楼部位不规则纵向裂缝，有时伴有路面不均匀降变形。

（2）在雨水支管部位出现不规则顺管走向的裂缝；在检查井周围出现不规则裂缝。

（3）成片状的网状裂缝（裂块面积直径大于30cm）和龟背状的裂缝（裂块面积直径小于30cm）。

原因分析

（1）出现不规则的纵向裂缝和成片的网状裂缝，多属于路基或基层结构强度不足，或因路基局部下沉路面掰裂。

（2）雨水支管多数处于路面底基层或基层中，支管肥槽回填由于不易夯实，造成局部路面强度削弱而发生沉陷和开裂，是路面最早出现的裂缝之一。

（3）龟背状裂缝多属于路面基层结构强度不足，支承不住繁重的交通荷载，或沥青面层老化而形成，在车行道中，长条状网裂（网眼宽20cm左右，长50～60cm的网裂）多数属于路面结构在重复行车荷载作用下，发生疲劳破裂的裂缝。

（4）路面结构层中有软夹层，如石料质软、含泥量大，尽管其他结构层强度足够，仍会发生沉陷、网裂和龟裂。

（5）碾压中，由于沥青混合料表面过凉，里面过热，当摊铺层较厚时，用重型压路机碾压会引起路面表层切断，在第一遍碾压中，出现贯穿的纵向裂纹。

防治措施

（1）对雨水支管肥槽，采用水泥稳定砂砾或低标号混凝土回填并夯、振密实，防止路面下沉开裂。

（2）提高路面基层材料的均匀性和强度，如北京地区使用的石灰粉煤灰砂砾，即要保证其级配的均匀性和设计强度（无侧限抗压强度$R_7 \geqslant 0.7MPa$）及所需的石灰含量和石灰活性氧化物含量，避免强度裂缝，减少温度裂缝。

（3）治理好路基的质量问题，防止路基下沉所造成的裂缝。

（4）要注意对沥青混合料外观质量的检查，矿料拌和粗细要均匀一致，粗骨料的表面应被沥青和细矿料均匀裹敷，不应有花白料或油少、干枯现象。

（5）对于出现的网裂、龟裂等采用下述方法处理：

1）由于土基、基层破坏所引起的裂缝，分析原因后，先消除土基或基层的不足之处，然后再修复面层。

2）龟裂采用挖补方法，连同基层一同处治。

3）轻微龟裂，可采用刷油法处理，或进行小面积喷油封面，防止渗水扩大裂缝。

【问题62】路面边部压实不足

现象

路面边缘部位，局部未碾压密实，表层呈松散状态，或“睁着眼”，一经车辆辗压有掉渣现象。

原因分析

（1）在路面边缘部位，基层压实度不够，碾压面层时，基层跟着下沉，面层得不到基层足够的反作用力，面层便压不实。

（2）安栽道牙的废槽未夯实，同样产生上述情况。

（3）未控制基层边缘平整度，在边缘出现“疙瘩”坑或“碟子”坑，坑洼部分压不实，呈松散或出现局部长度上低洼，碾轮压不着，出现松散掉渣。

（4）逢有障碍物，碾子靠不了边，也未用小型夯实工具（如墩锤、烙铁、振动夯）夯实。

防治措施

（1）碾压基层时要标出准确的路边边线，一般应超宽碾压每侧不小于15cm。碾压密度不能低于路中部位的压实度。

（2）安栽道牙的废槽，要加用小型夯具做特别夯实。

（3）边缘，特别是路边缘以内50cm范围内的底层平整度，不能低于路中间部位的平整度。

（4）对边角及有障碍物碾子压不到的部位，要使用热墩锤、热烙铁、平板震动夯或小型压路机压实。

【问题63】路面松散掉渣

现象

路面成活后，局部或大部表层未能碾压密实，呈“睁眼”或松散状态，开放交通后，有掉渣现象，严重时出现坑槽。

原因分析

(1) 常温季节由于沥青混合料在运输途中时间过长，或未加保温，或到工地后等待、堆放时间过长。北方冬期施工，未坚持“三快”(快卸、快铺、快压)或运输保温不好，油温低于摊铺和碾压温度，或找补过迟，使找补的沥青混合料粘结不牢。

(2) 沥青混合料炒制过火(烧焦)，沥青结合料失去粘结力。

(3) 沥青混合料的骨料潮湿，或含泥量大，使矿料与沥青粘结不牢；或冒雨摊铺，沥青粘结力下降，造成松散。

(4) 沥青混合料油石比偏低，细料少，人工摊铺搂平时粗料集中，表面不均匀，呈“睁眼”状；或跟碾刷油(柴油)滴洒在路面上，破坏沥青粘聚矿料作用而掉渣、脱落。

(5) 低温季节施工，路面成型较慢或成型不好，在行车作用下，轻则掉渣，重则松散、脱落。

防治措施

(1) 要掌握和控制好三个阶段的温度，并应有测温记录。

(2) 沥青混合料是热操作材料，应做到(特别是冬季尤应做到)快卸、快铺、快碾压的“三快”方法，当测定地表温度低于5℃时，停止摊铺。

(3) 要注意对来料进行检查，如发现有加温过度材料，则不应该摊铺。

(4) 因气温低施工的沥青混合料面层有松散，但不扩大的情况时，可在气温上升后，将松散脱落部分重新摊铺压实；如细矿料有散失，则应采用喷油封面处治；气温较低季节需治理时，可用乳化沥青封面。

(5) 松散程度较重，主骨料或面层的下层仍属于稳定时，可采用封面法将松散部分封住。

(6) 对小面积掉渣麻面，可局部薄喷一层沥青，撒料压实；大面积掉渣麻面路段，可在气温升至10℃以上时，清扫干净，做局部喷油封面(沥青0.8～1kg/m^2)后，撒布3～5mm(或5～8mm)石屑或粗砂(每1000m^2用料5～8m^3)，并扫匀压实。

【问题64】路面啃边

现象

多数发生在安砌平道牙的路边缘，车轮经常靠边的路段在平道牙以里30cm以内路面纵向掰裂下沉。

原因分析

(1) 路基或路面基层碾压不到位，路面铺筑在未经压实的底层上，一经车轮碾压便发生局部下沉掰裂。

(2) 路肩部分未经压实，一经车轮碾压，路肩下陷，引起路牙外倾，路边掰裂。

(3) 路边积水下渗，使土基和基层降低稳定性，造成路边下沉掰裂。

(4) 安砌道牙的内外废槽未夯实，经车轮辗压路边下陷或道牙向外倾倒，引起路边掰裂。

防治措施

(1) 对填土路基，包括路面基层以外的路肩应做到分层超宽碾压，最后削坡，以保证包括路肩在内的全幅路达到要求压实度。

(2) 路面完工后，要修整压实土路肩，路肩横坡不小于2%，利于排水。如果采用路肩纵向排水，通过水簸箕排向路外的，路肩应硬化（铺装）或砌拦水缘石，其纵坡应顺畅，不得积水。

(3) 安砌道牙的内外废槽要用小型夯具做充分夯实。

(4) 挖出破损边缘，切成纵、横向正规的断面，并适当挖深，采取局部加厚边部面层的办法修复。

(5) 改善路肩，使路肩平整、坚实，与路面边缘衔接平顺，并保持路肩应有的横坡度，以利排水。

(6) 用砂石料加固路肩，或在路面边缘加设较重型路缘石，使其表面与面层齐平，防止啃边。

【问题65】路面接槎不平、松散，路面有轮迹

现象

(1) 使用摊铺机摊铺或人工摊铺，两幅之间纵向接槎不平，出现高差，或在接槎处出现松散、掉渣现象。

(2) 两次摊铺的横向接槎不平，有跳车。

(3) 油路面与立道牙接槎或与其他构筑物接槎部位留有轮迹。

原因分析

(1) 纵向接槎不平，一是由于两幅虚铺厚度不一致，造成高差；二是两幅之间皆属每幅边缘，油层较虚，经碾压后不实，出现松散出沟现象。

(2) 不论是热接或冷接的横向接槎，都是由于虚铺厚度的偏差和碾轮在铺筑端头的推挤作用都很难接平。

(3) 油路面与立道牙或与其他构筑物的接槎部位，碾轮未贴边碾压，又未用墩锤、烙铁夯实，亏油部分又未及时找补，造成边缘部位坑洼不平、松散掉渣，或留下轮迹。

防治措施

（1）纵横向接槎均需力求使两次摊铺虚实厚度一致，如在碾压一遍发现不平或有涨油或亏油现象，应即刻用人工来补充或修整，冷接槎仍需刨立槎，刷边油，使用热烙铁将接槎熨烫平整后再压实。

（2）对道牙根部和构筑物接槎，碾轮压不到的部位，要有专人进行找平，用热墩锤和热烙铁夯烙密实，并同时消除轮迹。大面积长距离摊铺有立牙的路面，必须配备小型双钢轮压路机，专司压边。

【问题 66】路面泛油、光面

现象

路面的沥青上泛至表面，形成局部油层，或由于行车作用，矿料磨光，路面形成摩阻值小的光面。

原因分析

（1）层铺法施工，沥青用量过大或矿料不足，或矿料过细，不耐磨耗。

（2）层铺法在低温季节施工，路面未成型，嵌缝料散失，面层沥青量相对变大。

（3）采用下封层时沥青用量过大。

（4）拌和法表面处治的油石比过大或沥青稠度过低。

防治措施

（1）用适当粒径的矿料进行罩面，提高路面粗糙度。

（2）根据泛油程度不同，在高温季节撒铺不同规格和数量的矿料。撒料时应掌握先粗后细，少撒、勤撒的原则，然后用重碾强行将矿料压入光面。

【问题 67】路面壅包、搓板

现象

沥青混合料面层发生拥动，有的形成壅包，其高度小则 2～3cm，大则 10cm 左右。有的形成波浪（波峰波谷较长），有的形成搓板（峰谷长度较短）。

原因分析

（1）沥青混合料本身含油量过大；或因运油路程过远，油分沉淀，致使部分油量过大；或在底层上洒布的粘层油量过大，当气温升高时，粘层油泛至沥青混合料中来。上述种种都是使沥青混合料中存有较多“游离沥青”，成为混合料中的润滑剂，便拥推成油包、波浪。

（2）表面处治或沥青灌入式路面，某一层或某一局部单位面积用油量过大，矿料间游离沥青过多，在高温季节，频繁交通影响下，易出现壅包或搓板。

（3）沥青混合料矿料级配欠合理，细料多，嵌挤能力低。或沥青材料高温稳定性差。

（4）面层和基层结合不好，在高温季节，在车轮频繁冲击碾压下，面层被推挤变形成壅包、搓板。

（5）在城市道路的红绿灯后和公交车站停车站处，由于车辆经常刹车，车轮向后强力推挤作用易形成搓板。由于车辆的渠化作用（即总轧一个轨迹），和沥青混合料在高气温下的塑性，易被车轮推向两侧形成壅包。还有小半径的弯道处，由于离心力作用，车轮一贯向外推挤，也会造成壅包。

防治措施

（1）沥青混合料必须按照规范所规定的矿料品质、粒级级配和使用的不同沥青做配合比试验、车辙试验。表面处治、灌入式路面也必须按照设计（或规范）所规定的单位面积严格控制用油量。

（2）沥青的品质要按规范规定的分区域选用标号，按道路等级（交通量）所使用沥青的技术要求选用沥青材料。

（3）沥青混合料进场要作外观检查，如有含油量过大的现象，则不应摊铺，对油分沉淀部分要清除。

（4）对在旧路面上加铺沥青石屑，粘层油应控制在0.5kg/m^{2}左右，厚层沥青混合料也不应该超过1kg/m^2。如属碎石灌入，应按规范规定的碎石不同厚度控制用油量。在条件允许的地方应使用PC-3沥青乳液。

（5）沥青洒布车停车时和其他原因所形成的油堆、油垅应清除。

（6）对反复停车、反复刹车的地段，应选用矿料嵌挤力强的断级配沥青碎石做路面，也可用改性沥青，提高混合料的高温稳定性和粘结力，以提高抵抗车轮推挤的能力。

（7）对已形成的路面拥包、搓板可采用以下处治方法：

1）路面壅包、可在气温较高时，用加热器烘烤发软后铲除，而后找补平顺，务实后用烙铁烙平。

2）对已趋丁稳定（其底部沥青混合料油分挥发或老化）不再发展的壅包、搓板，可用铣刨机，铣刨平整后，加铺稳定性较好的沥青混合料。

4.2 路面与细部交接

【问题68】检查井与路面衔接不顺

现象

(1) 路面上的各专业（雨、污水、给水、燃气、热力、电力、电信）检查井，经反复交通碾压，出现井周下沉或检查井下沉，井周路面破坏、出坑，造成严重跳车。

(2) 铸铁井圈经车辆反复冲击，发生移位。井墙破坏，井圈下沉，使整体检查井位形成大坑。

原因分析

(1) 建设管线时，在井周从槽底至路基，即路基部分和路面结构各层均未压实。

(2) 即便井周各层均已压实，也存在检查井（砖砌、混凝土结构）本身属于刚性，路面（沥青混合料）属于柔性，在车辆反复重压下，路面较检查井仍存在沉降量大的问题。

(3) 升降检查井时，检查井圈未与路面纵、横坡吻合，或高突或低洼，形成车辆对路面或检查井的冲击，造成检查井下沉或井周破坏。

(4) 检查井铸铁井圈与井墙接触处没有足够强度的砂浆和混凝土固结，经车辆刨压后活动，致使井周路面碎裂。

(5) 检查井圈坐落在收口井墙上，其收进尺寸过大，井墙支撑力不足，井圈下沉，甚至井圈掉入井内。

(6) 给水检查井井墙直接砌筑在土基上，检查井内一经进水，浸泡井基，检查井整体将会出现不均匀下沉。

防治措施

(1) 检查井周的回填土，应从检查井基底开始，在管道回填的同时，用动力夯围绕检查井转圈分层夯实，夯至路基下80cm时，将检查井用厚铁板封盖，其上至路基顶范围上碾分层压实，压实度统一达到道路压实度标准。然后将检查井挖出，砌至路基顶，肥槽浇筑低强度等级混凝土，当强度达到100%后，仍用铁板封盖，其上路面结构做至表面层下，再返挖至路基顶，将检查井砌至表面层高，其肥槽浇筑C20以上混凝土，并捣实，与沥青中面层抹平，待铺表面层。

(2) 对于次干路、支路的检查井周回填土，可在管道回填的同时，用动力夯围绕井周转圈分层夯实至路基顶用铁板封盖井口，按（1）条方法施工道路结构层。

（3）在旧路上升降检查井，其挖掘的废槽应浇筑强度等级不低于C20混凝土做路面基层。

（4）在新路上升降检查井时，其井圈高程，必须按路面纵、横坡，用十字线控制进行安装。

（5）对于收口式检查井（特别是给水井），其铸铁井圈必须坐落在不少于3层砖直墙上，其收口的收进尺寸每层不应大于5cm。同时井圈下必须坐不小于M10的水泥砂浆，井圈周围用不小于C20混凝土予以牢固。

（6）给水井必须在处理好的坚实地基上浇筑不少于10cm厚的混凝土井盖。

（7）推广使用五防（防响、防坠落、防盗、防滑、防位移）井盖，该井盖坐落在井圈下加设的预制的钢筋混凝土井筒上，和该井筒上预埋的三条螺栓的锚固，能有效解决井圈下沉和位移的问题。

【问题69】雨水口较路面高突或过低

现象

（1）雨水口建在路面纵、横坡的高点。

（2）雨水口口圈安砌高于周围路面或低于路面过多（图4-4）。

图4-4　沥青路面与雨水口高差超标

（3）雨水口本身高程适宜，但附近路面未接顺，多数表现为雨水口上游来水方向的路面局部高突阻水。

原因分析

（1）设计失误，施工单位未提出变更，或因纵、横坡有变更，雨水口位置未随之变更，把雨水口砌在高点。

（2）雨水口安砌口圈未认真按雨水口所在的位置控制高程，或雨水口高程准确而路边高程失控，造成雨水口与路面间相互不协调的高差。

（3）雨水口周围路面未按标准图要求的做法接顺。

防治措施

（1）施工者必须注意到雨水口的位置，不能设在路面的高点，应随着路面坡度的变更而变到最低点。

（2）雨水口口圈的安装，都应以该雨水口所处位置的高程做依据，同时，雨水口上下游路面高程也应同步控制，不应有任何随意性。

（3）雨水口周围路面，应按通用图和质量标准的要求，高于雨水口顶面1～2cm（1.5～2cm较为合适），雨水口上下游接顺长度不小于1m，侧面不小于50cm。

【问题70】雨水口井周及雨水口支管槽线下沉

现象

（1）在不设路边平石（缘石）的路面上，当碾压路边时，雨水口上下游废槽处下沉，出现两个深浅不等的洼坑。

（2）经雨季雨水渗透，雨水口侧边废槽下沉。

（3）雨水口支管槽线上面的路面下沉。

原因分析

（1）为了方便路面基层碾压，雨水口大多在路面基层成活后，才挖槽砌筑，因怕雨水口圈压坏，雨水口上面避免上碾，故雨水口废槽压不着，基层松散材料又不好夯实，当碾压面层时会发生雨水口废槽处（上下游）下沉。

（2）即便雨水口废槽已夯实，但在碾压面层时，碾轮自雨水口上滚下时，是由刚性进入柔性，有个冲击力，也易砸坑。

（3）雨水口侧边废槽一般比较窄，不好下夯，又未采取特殊夯实措施进行夯实。

（4）因雨水口深度受限，支管埋深较浅，为便于碾压常在基层成活后再挖槽安支管，回填土未认真夯实，基层松散材料用小型夯具又难以夯实。

防治措施

（1）雨水口废槽宽度一般较窄，应每砌高30cm即将井墙外废槽用小型夯具分薄层夯实。如路面基层属于松散材料，可在松散材料中掺拌少量水泥后予以夯实或用低标号混凝土浇捣密实。

（2）也可在未安砌口圈前，将雨水口盖上木板，用碾子压实废槽回填的松散材料。

(3) 雨水口支管槽线回填应分层细夯，如胸腔和下层夯实有困难，可用低标号混凝土填筑，表层松散材料仍须用压路机压实。

(4) 如果碾压面层材料时，雨水口上下游有少量下沉，应注意用沥青混合料进行找补和夯实。

【问题71】路面与平石、平道牙衔接不顺

现象

立道牙（立缘石）偏沟处设平石（平缘石）的路面，或设平道牙的路面，路面与平石或平道牙之间出现相对高差，严重者达2～3cm。

原因分析

(1) 忽视对沥青混合料路面底层边缘部位高程和平整度的严格控制，高低不平，预留沥青混合料的厚度薄厚不一致，当按一致压实系数摊铺，经压实后必然出现有的比平石或平道牙高或低。

(2) 平石或平道牙高程失控，铺筑沥青混合料面层时，不能依据平石或平道牙顶面高程找平，而是重新按照路边设计高程摊铺，出现路面与平石或平道牙衔接出现错台。

(3) 摊铺机所定层厚失控，发生忽薄忽厚的现象。

(4) 摊铺机过后，对于平石或平道牙与路面之间的小偏差，未采取人工整平找补措施。

防治措施

(1) 各层结构在路边的高程也应视同中线高程一样严格控制。

(2) 平石或平道牙安砌高程在严格控制的基础上，对路面底层的高程和平整度偏差，应在铺油前予以找补压实，使平石或平道牙下预留路面厚度应一致。

(3) 边缘部位摊铺高应以高程无误的平石或平道牙顶面作基础，在其上拉钢丝绳作依据，再配合小型碾和人工处理雨水口边和路面与平石或平道牙之间的小偏差。

【问题72】路边波浪、荷叶边

现象

从路外侧道牙至路中心方向为50～100cm，出现高低不平，轻者像规则的荷叶边；重者形成波峰、波谷高差明显的波浪，波峰阻水，波谷积水。行车颠簸。

原因分析

(1) 荷叶边的形成是因为对路边高程和平整度控制不力，经各层碾压后，

出现高低不平，也未加修整，形成荷叶边。

（2）由于路基或基层在路边部位压实度不均匀，当碾压面层时，局部出现下沉。

（3）路基填方宽度过窄，碾压过程路边有不均匀下沉或施工期间路肩被破坏，路边的路基对基层碾压时支承力不足，使基层也有下沉。或基层结构宽度不够，道牙栽在土基上，使局部路边强度不够，在铺油碾压时，局部出现低洼。

（4）安栽道牙时，肥槽未夯实，在碾压面层时，出现局部下沉，轻则荷叶边，重则波浪。

防治措施

（1）填方路基为保证设计路面宽度内的压实度，必须连同支承路面结构的路肩也应同时压实，使路肩边线以内均为压实层，在此基础上削坡，使路肩边坡也是密实的。

（2）对基层的宽度、横断高程、平整度要严格控制，严格实测实量验收。使路幅内每一个断面的宽度、高程、平整度、压实度，都控制在标准要求之内，才能更有效地避免荷叶边和波浪的形成。

（3）对安栽道牙的肥槽，必须作牙内、牙外的认真夯实，并做好边缘平整度的整修。

第5章　路缘及护坡砌筑

5.1　道牙（路缘石）安砌

【问题73】立道牙基础和牙背填土不实

现象

基础不实和牙背回填废料、虚土不夯实或夯实达不到要求密实度，竣工交付使用后即出现变形和下沉，出现曲曲弯弯，高低不平（图5-1）。稍触外力，即东倒西歪或下沉，保持不住牙顶平顺和纵向直顺，使人行道砌块难以接平，造成外观质量上和使用功能上的明显缺陷。

图5-1　雨水主管被水泡管、填土塌陷道牙外露20、22、24cm，超出规范要求

原因分析

（1）对单项道牙工程未按设计要求作道牙基础的认真夯实。

（2）对道路工程中附属工程道牙，其基础未坐落在被压实的路基和基层上，而是坐落在松软的路基或基层上。

（3）牙背也未按设计要求填筑石灰土或石灰粉煤灰砂砾混合料进行夯实。

防治措施

（1）道牙基础应与路面基层以同样结构摊铺，同步碾压；槽底超挖应夯实。

（2）安栽道牙要按设计要求，砂浆卧底，并夯打道牙使其基底密实。

（3）按设计和标准要求，后背要填宽不小于50cm，厚不小于牙高1/2的石灰土，并夯实密度不小于90%。也可培筑低标号混凝土三角灰后素土夯实。

(4) 道牙体积偏大一点，道牙块长偏长些，容易安砌稳定直顺。比如，北京地区主干路当前使用的长×厚×高=100cm×12cm×30cm预制混凝土道牙，和长×厚×高=100cm×15cm×30（35）cm花岗岩道牙。或稳定性较好的L型道牙。50cm×12cm×30cm稳定性较差的短道牙只用在次干路和支路上。

【问题74】立道牙前倾后仰

现象

立道牙安栽完成并铺筑路面后，局部或大部有前倾后仰而多数为前倾即向路面倾歪，且顶面不平。立道牙的内倾外仰，破坏了立道牙整体直顺度，影响路容和道路的外观质量。同时使路面边缘容易损坏。

原因分析

(1) 安栽时只顾及立道牙内侧上角的直顺度，未顾及立面垂直度和顶面平整度。

(2) 立道牙安栽后填土夯实时，下半部内外不实，当牙背上半部填土夯实时，受土压力挤压向内倾。立道牙外侧不设人行道时，经车轮等外力在内侧的挤撞，立道牙便向外仰。

防治措施

(1) 立道牙的安栽既要控制内上棱角的直顺度，又要注意立面的垂直度、顶面水平度的检查控制。

(2) 立道牙安栽调直后，牙根部的填实不能草率从事；牙外废槽应换填易夯实的好土或石灰土；牙内如属不易夯实的松散材料，可掺加少量水泥将废槽填实（或适当高于基层面），当固结后再进行牙外上部的分薄层夯实。

【问题75】“平道牙”顶面不平不直

现象

“平道牙”是指道牙埋入地面，使其顶面与路面边缘平齐，而许多情况是：

(1) 平道牙顶面高于或低于路面边缘。

(2) 平道牙向内或向外倾斜，牙身压碎或被碾轮推挤出弯。

原因分析

平道牙基本有两种，一种是水泥混凝土平牙，一种是四丁砖平牙，造成平牙不平不直的原因。

(1) 水泥混凝土平牙在碾压面层时一般是不能上碾碾压的，由于安栽时高程控制不准，或因路边缘底层高低不平，造成油路边缘与平牙出现高低差。

（2）四丁砖平边牙刨槽深浅不一致，安栽时，要求顶面高度一致，因此，槽深处垫虚土，槽浅处砖牙放在硬槽底上；碾压面层时，碾轮要骑砖牙碾压，放在虚土上的，虽当时压平了，但经车辆创压，牙必下沉；安栽在硬底上的，砖牙便易压碎。

（3）四丁砖平牙安栽不留缝，当碾轮碾压时，有水平推力，使砖牙与砖牙之间发生推挤现象，将牙推成曲线。

（4）四丁砖平边牙安栽后，内外侧未夯实，稍受外力碰撞，即可能向内外倾倒。

防治措施

（1）水泥混凝土平牙顶面和路边缘底层都要严格控制高程和平整度。在摊铺沥青混合料时，要按照压实系数，虚高高出平牙顶面，当碾压油面时，要跟人使用热墩锤和热烙铁修整夯实边缘，使油路边与平牙接平接实。

（2）四丁砖平边牙刨槽要深浅一致，槽底要预留一定虚高，以便碾压时恰与油路边一同压平。牙与牙之间要留出适当缝隙（宽约1cm），牙内外废槽要同时进行夯实。当碾压油面时，同样要跟人用热烙铁烙实边缘，并随时注意对倾斜的平牙进行调正。

【问题76】立道牙外露尺寸不一致

现象

（1）立道牙顶面与路面边缘相对高差不一致。以设计外露高度15cm为例，在实际工程上有8～9cm的，有18～20cm的，影响道路的整体外观质量（图5-2）。

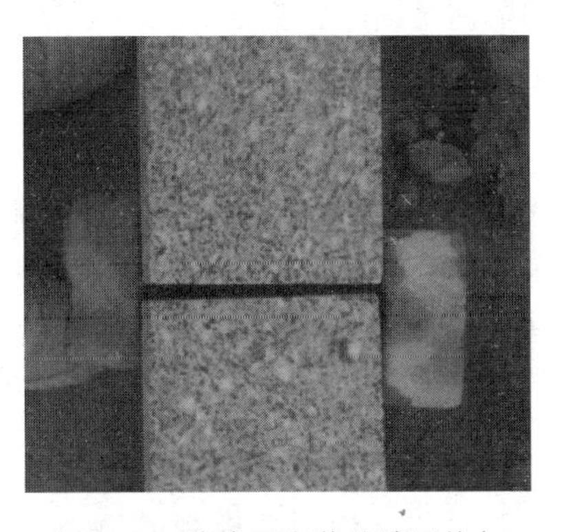

图5-2　路缘石安装缝隙不均匀

（2）道牙顶面纵向呈波浪状。顶面波浪将会影响道牙顶面高程的合格率和水泥方砖步道无法与其接顺。路边波浪将会影响路面横断高程的合格率，还会造成两雨水口间路边积水。

原因分析

(1) 牙顶高程控制较好而忽视路面边缘高程的控制，造成路边波浪，波峰处外露尺寸小，波谷处外露尺寸大。

(2) 路面边缘高程控制较好，而忽视了牙顶高程的控制，造成道牙顶面波浪，波峰处外露尺寸大，波谷处外露尺寸小。

(3) 两种情况兼而有之，必然都会造成牙顶与路面边缘相对高差不一致。

防治措施

(1) 牙顶高程与路面中心高程要同时使用一个系列水准标点。严格给予控制，在安栽道牙过程中要随时检查校正高程桩的变化，并应随时抽查已安栽好的牙顶高程。不应放一次高程桩便一劳永逸。这样可以检验和复核已放高程桩是否准确，同时也检验操作者在使用高程桩时是否正确。

(2) 依靠准确的牙顶高程，在道牙立面上弹出路面边线高程，依据此线，应事先找补修整一次路边底层平整度和密实度。摊铺面层时，严格按弹线控制高程。

【问题77】弯道、八字不圆顺

现象

(1) 路线大半径弯道，局部不圆顺，有折点，和路口小半径八字不圆顺，出现折角，或出现多个弧度。

(2) 牙顶高程与路面边缘相对高差悬殊，出现较切点以外明显高突，多数出现在路口小半径八字和隔离带断口圆头牙。

(3) 路口两侧八字道牙外露一侧高一侧低。

原因分析

(1) 路线大半径曲线道牙安栽后，宏观弯顺度未调顺，即还土固定。

(2) 小半径圆弧，未放出圆心，按设计半径控制弧度。

(3) 隔离带断口未按断口纵横断高程或设计所给等高线控制牙顶高程。对待牙顶高程随意性较强。

防治措施

(1) 路线大半径曲线，除严格依照已控制的道路中线量出道牙位置控制线安栽外，还要做好宏观调顺后，再回填固定。

(2) 小半径圆曲线要使用圆半径控制圆弧，要按路口或断口的纵横断或等高线高程控制牙顶高。

(3) 过小半径圆弧曲线，为了防治长道牙的折角和短道牙的不稳定及勾缝的困难，应按设计圆半径预制圆弧道牙。

【问题78】平石不平，材质差

现象

（1）平石局部有下沉或相邻块高差过大。

（2）平石顶面纵向有明显波浪。

（3）表面不平整，有掉皮、起砂、裂缝露骨等现象（图5-3）。

图5-3 进场的路缘石，存在缺角破损现象

原因分析

（1）平石基底超挖部分或因高程不够找补部分未进行夯实，平石安砌后有下沉。

（2）相邻块高差大与砌筑工艺粗糙和平石（大方砖）本身表面不平或翘曲有关。

（3）平石波浪，主要是纵断面高程失控造成。

（4）材质加工粗糙，表面不平。或预制混凝土强度不达标，经不住车辆碾压。

（5）平石多处在路面边缘最低处，是雨雪（融化后）集聚，冬春受冻融较频繁的地方，其表面易损坏。

防治措施

（1）要保证平石基底的压实度，对于超挖和找补填垫的基底，必须做充分的补充夯实。高等级路面应做一定厚度的混凝土垫层。

（2）对平石的卧底砂浆要注意工作度，不能太干。每块都应夯实至要求标高，留缝均匀，勾缝密实。

（3）对平石的内侧和外侧高程，应加密点予以控制。在砌筑中应随时用水准仪检查，并最后做好高程验收。

（4）对平石的预制混凝土，要严格管理原材料质量、配合比、性能要求、加工和养护方法。以保证有足够强度，有良好外观和几何尺寸，有一定抗渗、抗冻融性能为前提。

（5）高等级道路应采用花岗岩石料平石。

【问题79】道牙、防撞墩材质差

现象

（1）立道牙混凝土强度不足，在运输中缺棱掉角较多。

（2）立道牙、防撞墩，在使用一个冬雨季后，道牙有局部或整体脱皮、露骨，甚者整体松散；防撞墩下部接触雪水受冻融部位，也出现脱皮、露骨，甚至腐蚀破坏。

原因分析

（1）生产厂家预制构件水泥用量不足，或水泥质量差，砂石含泥量严重超标等原因，使混凝土强度低于规定指标。

（2）由于冬季融雪所洒盐水或其他融雪剂，侵入混凝土体与具有碱活性骨料的反应，造成混凝土体破坏。

（3）由于构件的蒸汽养护，使混凝土中的水分急剧蒸发，加大了混凝土体内的孔隙，降低了抗渗、抗冻性能，外界水汽非常容易地渗入混凝土体内，经反复冻融，首先使混凝土表层松散脱落，使其形成粗糙面，更易加剧水汽的渗入，致使构件更深层的破坏。

（4）由于预制过程中，怕混凝土表面气泡多，过分振捣，使骨料沉于构件表层（构件外露面一般朝下），而表层砂浆过薄。挡不住水汽的侵袭，也是表层很快脱落的一个原因。

防治措施

（1）应加强对混凝土预制加工企业的生产资质、产品质量的监督管理，要求必须按照国家规范和质量标准规定的原材料质量标准和强度等级生产构件。

（2）建设单位和施工单位，必须购买有资质的单位生产并经质量抽查，质量合格的产品。

（3）国家和地方的重点工程、高等级道路工程建设单位和监理单位应加强对生产厂家所使用的原材料、配合比、生产工艺实施一定的干预，实行优质优价，以进一步保证产品质量。

（4）易受雨、雪侵袭的小构件，应使用具有一定抗冻融性能的耐久性混凝土。这种混凝土应尽可能地采取自然养护，不用蒸汽养护。如因施工急需必须蒸汽养护的，应采用低温养护。

（5）高等级的城市道路可选用花岗岩石料制作的构件，外观好、耐久性好。

5.2　挡墙砌筑

【问题80】砌体砂浆不饱满

现象

主要表现在浆砌块、片石的砌体上，块、片石块体之间有空隙和孔洞。石块与石块之间未全部由砂浆包裹，不能使砌体完全结合成整体，将降低整体强度。承重构筑物、薄弱部分有坍塌倾覆的危险。护坡、护底有断裂下沉的可能。

原因分析

卧浆不饱满或干砌灌浆，在石块之间缝隙小或相互贴紧的地方便灌不进砂浆。

防治措施

浆砌块、片石应坐浆砌筑，立缝和石块间的空隙应用砂浆填捣密实，石块应完全被密实的砂浆包裹。同时砂浆应具有一定稠度（用稠度仪测定3～5cm），便于与石面胶结。严禁干砌灌浆。

【问题81】砌体平整度差，有通缝

现象

砌体外露面高低不平，超出平整度标准要求（图5-4）。有两层以上的通缝。主要影响外观和量测质量，承重砌体过分凹凸不平，影响受力。

图5-4　砌体砂浆不饱满

原因分析

(1) 没有注意选择外露面平整的石料。

(2) 砌筑石料小面朝下不稳定，当砌上层时，下层移动。

(3) 外面侧立石块，中间填心，未按丁顺相间和压缝砌筑，有通缝，侧立石块易受挤压移位。

(4) 当日砌筑高度过高，下层尚未凝固，承受不住上层的压力，局部石块外移。

(5) 放线不当，线位不在一个平面上，多反映在护坡和锥坡上。

防治措施

(1) 应注意选择一侧有平面的石料，片石的中部厚度最小边长不应小于15cm，块石宽厚不应小于20cm，以保证砌筑稳定。

(2) 应丁顺相间压缝砌筑，一层丁石，一层顺石，至少两顺一丁。丁石应长于顺石的1.5倍以上，上下层交叉错缝不小于8cm。

(3) 当日砌筑高度不得大于1.2m。

(4) 测量放线人员，应随时检查砌筑面（立面、坡面、扭面）线位的准确度。

【问题82】砌体凸缝和顶帽抹面空裂脱落

现象

砌石工程所勾抹的凸缝和砖石砌体的顶帽抹面出现裂缝、空鼓，甚至脱落。

原因分析

(1) 砌石工程所勾抹的凸缝和砖石砌体顶面的水泥砂浆抹面，没有进行洒水养护，或勾缝抹面的基底干燥，原砂浆中的水分很快被蒸发或被干燥的基底吸干，水泥砂浆中的水泥来不及完成水化热硬化，便干燥、收缩—裂缝—空鼓，以致脱落。

(2) 勾缝的基底上未搂出凹进的缝隙，等于一薄层砂浆浮贴在平整的墙面上，底基结合不牢。

防治措施

(1) 在砂浆勾缝和抹面的底基上应该洒水浸湿，砖面要有足够的水分浸透。

(2) 顶帽抹面，墙面抹面或勾缝，在大气干燥和阳光曝晒下应洒水养护，以保证其硬化所需的水分。

(3) 砌石工程在砌筑过程中应随时将灰缝搂出一定深度，便于勾缝砂浆与墙面紧密结合。

【问题83】护坡下沉、下滑

现象

浆砌或干砌片石护坡，局部下沉或下部下滑裂缝。破坏了护坡砌体的整体性，受雨水冲刷会造成护坡更大的损坏面，或引致路基的坍塌。

原因分析

（1）护坡下沉主要是护砌基底不实。

（2）下部下滑主要是坡脚基础下沉或未做基础。

防治措施

（1）护坡基础应该是经分层碾压密实削出的坡基。如属于培土或砂砾填筑的坡基，应在接近最佳含水量下拍打或振压密实，不应在松土边坡上砌筑护坡。

（2）护坡坡脚应该按设计所给定的基础型式和要求施作基础。

【问题84】安装预制挡墙帽石松动脱落

现象

砖石和预制混凝土蘑菇石挡墙的预制安装帽石稍有外为碰撞，即易松动脱掉。

原因分析

安装预制挡墙帽石都是水泥砂浆卧底，易松动脱掉的原因。

（1）砂浆不饱满或砂浆标号过低，粘结力小。

（2）帽石底面与底层过干，砂浆水分被吸掉，达不到要求强度，不能使上下面拉结紧密。

（3）在易碰撞的挡墙端头和路口处只靠砂浆拉结，抵抗不住车辆的碰撞。

防治措施

（1）根据地段的需要，应尽可能取用强度等级较高的砂浆，且应搅拌均匀，做到砂浆饱满。

（2）预制帽石砌块和底基都应用水洇湿洇透，以保证砂浆有足够的水化热所需要的水分，并能发挥水泥浆的粘结作用。

（3）如在易撞击的部分，诸如路口，挡墙端头，应采取现浇混凝土的办法，如加设锚筋更好。

【问题85】预制混凝土空心砌块质量低劣

现象

强度低、密实度差，运输过程损伤严重，缺棱掉角的砌块数量和尺寸超标。

原因分析

强度低，密实度差，抗外力侵害的能力差，抗盐冻的能力差，随着使用时间的推移，会受到冻融、盐碱剥蚀，过早造成损坏，降低使用寿命。

防治措施

（1）该砌块属受力构件，应受到施工相关单位的重视，把住工程进料关，除应做好进场外观质量检验验收外，还应按相关规定做好强度检验。

（2）材料质量主管部门，应重视对该产品货源质量的管理。

【问题86】挡墙后回填不实

现象

挡土墙背后回填、桥涵缺口过渡段回填不密实，下沉、变形严重。

原因分析

（1）施工作业面小，机械压实困难，造成压实度严重不足。

（2）施工管理人员质量意识不强，采取倾填且压实措施不到位。

（3）回填范围与路基衔接面太陡、台阶设置不符合设计要求。

（4）涵渠两侧不对称填筑。

（5）台后排水措施不完善，基底泡水软化等。

（6）填料选择不合格。

防治措施

（1）严格控制填土厚度，采取人工配合小型机械进行夯压密实。

（2）严禁实施倾填。

（3）与路基接触面按规范挖台阶。

（4）精选台后填料，尽可能使用透水性粗颗粒材料。

（5）严格控制分层填筑厚度。

（6）严格按设计和规范要求实施超宽填筑。

（7）控制碾压工艺，压路机一定要行驶至路基边缘，确保路基全幅碾压到位。

【问题87】附属设施质量差

现象

路基防护及排水等附属工程、小型构筑物内在质量不达标，且表面粗糙、外观质量差。

原因分析

（1）混凝土防护工程：

1）模板结构设计不合理，刚度不足，固定不牢。

2）模板未及时整修或整修不到位。

3）脱模剂选择和使用不当。

4）砂、石料质量不合格；混凝土拌和、浇筑工艺不规范。

5）沉降缝设置不标准，宽窄不一。

（2）片块石、混凝土块砌体防护工程：

1）放线不准，挂线不规范、不牢固。

2）石料未认真修凿，未按规范进行砌筑。

3）砌浆不饱满。

（3）“重主体、轻附属”观念影响。

防治措施

（1）混凝土防护工程。

1）选用结构合理、刚度大、组合严密、表面平整的模板以及适宜的脱模剂。

2）严格控制模板安装质量，避免跑浆、漏浆，提高混凝土的外观质量。

3）拉杆要使用套管，并使用物理方法切除。

4）严格控制砂石料质量，混凝土拌和、浇筑按规范执行。

（2）片块石、混凝土块砌体防护工程。

1）认真放线、挂线砌筑。

2）对石料进行认真的工前修凿，严格按规范砌筑，严格旁站检查，加强过程监控。

3）严格控制勾缝质量，先试勾后铺开。

（3）加强宣传教育，主体工程与附属工程同等对待、内在质量与外在质量同样重要。

【问题88】挡墙排水孔不规范

现象

挡墙、护坡等防护工程泄水孔不规范，起不到排水作用或排水效果差。

原因分析

(1) 施工单位不重视、管理不到位。

(2) 未按规定施做反滤层或反滤层材料不合格，泄水孔堵塞。

(3) 泄水孔坡度设置较差甚至为反坡。

(4) 孔型不规范，孔径尺寸、间距不满足设计要求。

防治措施

(1) 转变观念，加强全过程质量管理。

(2) 对排水孔孔型、几何尺寸及泄水坡度进行严格控制。

(3) 把反滤层作为隐蔽工程加以严格控制和检查。

第6章 人行道、广场及雨水口

6.1 铺装人行道及广场

【问题89】薄轻砌块、光滑砌块砌在人行道（或停车场上）

现象

（1）人行道、停车场铺装的砌块，厚度在2～2.5cm，投入使用后，局部和大部分出现早期破坏。

（2）光滑砌块铺装在人行道上，雨、雪天易滑倒行人，特别对老人、行动不便者会导致摔伤现象发生。

原因分析

（1）决策人（或设计人）不适当地将室内铺装材料用在通行（人行，偶有机动机停放）量很大的公共人行道上。这种砖的强度抵御不住频繁的人行和经常的车闯。

（2）这一新型材料未经实践验证，尚未被人认识所致。

防治措施

（1）通过使用的经验证明，铺装块体的厚度不应小于5cm，平面尺寸小面至少不应小于20cm，强度不应低于C30。

（2）人行道和广场（停车场）应选用具有一定摩擦力的粗面（麻面）砖，虽有防滑花纹，但砖面光滑，特别是剖光面砖不能使用。

【问题90】步道下沉

现象

步道竣工后，经一冬一夏出现局部或大面积下沉出坑，砖块破碎，甚至出现深陷洞穴。

原因分析

（1）重主路、轻附属的现象仍然存在，认为主路出了问题影响大，有可能被认为工程结构质量不合格，步道不合格不会那么严重，因此，对步道的路基、基层的要求就不那么严格。

（2）市政道路建设，一般工期较紧，特别是旧路扩建改造交通压力大，社会影响大，一般人行道都是赶在最后阶段，工期所剩无几，造成抢工，粗制滥造；深坑、深槽超厚回填，冬施冻土冻块，带水回填，推土机推平，事后必沉无疑。

防治措施

（1）工程建设各方应重视与人民群众生活息息相关的问题，把步道工程与主路一样同样重视起来，按施工规范管理好，对出现的质量问题，同样按不同比例给予惩戒。

（2）在工程进度安排上，人行道也应按照一个工程部位给予相当的施工工期。同时在安排其他部位工程间隙，对步道部位的沟槽回填、土方运弃等费时费工的工程尽可能提前安排，以减少工期最后工程量。

【问题 91】砂浆配合比不准、搅拌不均或稠度过小（过干）

现象

（1）配合比不准确，灰、砂数量随意，有的甚至只用砂不加灰。如砂浆无灰或少灰，或搅拌不匀、灰砂分离，形不成一定的强度，全部或局部无粘结力，固结不住砌块，砌块活动后受外力移位，有损平整度，降低使用功能。

（2）砂浆加水量过小，似干砂浆，方砖安砌夯打后，砂浆仍有空隙。砂浆过干，砌筑时不易将砂浆夯打密实，遇水（客水或降雨）砌块易产生不均匀下沉，影响平整度，严重者会造成大面积返工浪费。

（3）砂浆基本不加搅拌，或虽搅拌但不均匀，灰、砂分离。

原因分析

（1）人行步道砌砖砂浆设计配合比一贯给出 1∶3 的数据，水泥砂浆如此，石灰砂浆也如此，无强度要求，操作起来使人容易随意。

（2）一批砂浆搅拌后，使用时间较长，水分蒸发较多，施工人员图省事不愿再补充水分；再者干砂浆较湿砂浆易操作。

（3）砌筑步道多为人工搅拌砂浆，或者怕费力，或者搅拌方法不对、搅拌遍数不够。

防治措施

（1）应该有设计配合比，有了设计配合比，可操作性就强。

（2）大批量使用的砂浆，不应使用人工搅拌，应要求机械拌和。如无条件机拌的，人工拌和应遵循下述操作原则：灰和砂首先干拌，即经计量后，一层砂，一层灰叠放在搅拌盘上，对锹翻拌应不少于 3 遍，直至拌匀再加水，将稠度翻拌均匀后使用。

（3）砂浆应具有一定的稠度，稠度的大小应根据砌块吸水率的不同和蒸发量不同的季节来确定，但一般不应小于砌筑工程所用砂浆稠度的最小值（5cm），直观标准，应以橡皮锤夯击砌块时，砌块下砂浆溢出浆液为准。这样砂浆即可密实，砌块即可被砂浆固结。

6.2　雨水口（收水口）及支管

【问题92】雨水口位置与路边线不平行或偏离道牙

现象

（1）雨水口位置歪斜，外边线与路边线有夹角，如图6-1和图6-2所示。

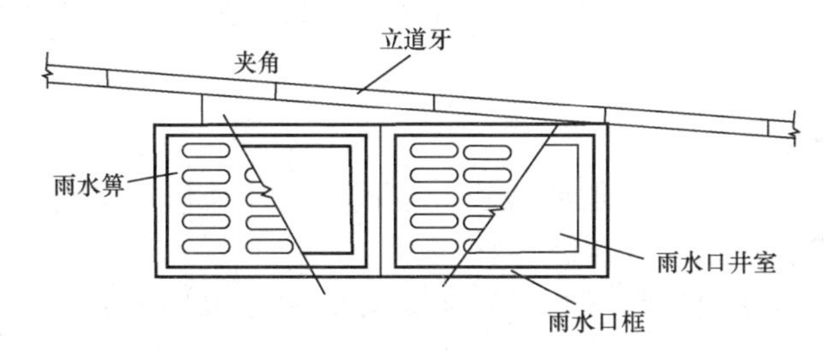

图6-1　雨水口位置歪斜示意图

图6-2　雨水口外露管外露部分不平齐

（2）雨水口外井墙吃进道牙底或远离道牙，如图6-3所示。

原因分析

（1）在道路测量放线中，雨水口的外边线与道牙的内边线未能协调一致，即两边线应平行而不平行，呈图6-1状态；两边线的间距应是一个定数，而偏离，呈图6-3状态，或呈相反方向吃进牙底。

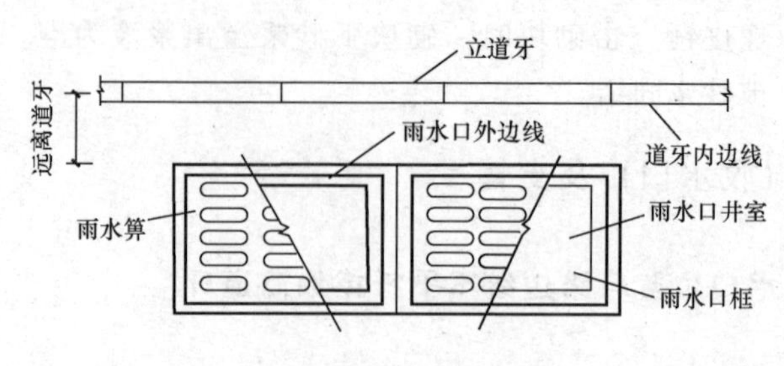

图6-3　雨水口远离道牙示意图

（2）在操作人员砌筑过程中，偏离测量所给定的位置，而测量校验工作又未跟上。

防治措施

（1）凡是设有雨水口的道路边线，应该使用经纬仪定出路边基准线、雨水口位置，完全以此为基准线控制。

（2）在砌筑撂底时，应校核池口外边线与基准线是否平行，是否符合距道牙内边线的距离。

（3）在雨水口砌筑过程中，测量人员应随时校核位置桩的准确性。

（4）道牙位置也应按测设的基准线安栽。

【问题93】雨水口内支管管头外露过多或破口朝外

现象

（1）雨水口池口内支管管头外露少则2～3cm，多则10cm。

（2）支管被截断的破口外露在池口内。

原因分析

（1）管理人员和操作人员不了解管头外露过长和破管口外露的害处，或因管理上的疏漏，交底不清，检查不严。

（2）当用人工对雨水口内积物的清理，持长把折成约60°弯的铁锹掏挖时，如管头外露过长将会影响下锹操作，破口朝外影响管端强度和外观质量。

防治措施

（1）砌筑雨水口时，应将支管截断的破口朝向雨水口以外，用抹带砂浆做好接口；完整的管头与井墙齐平。

（2）已造成破口外露或管头外露过长的，应将长出井墙的管头切齐，用高标号水泥砂浆将管口修好。

【问题94】支管安装方法不合理

现象

（1）采用垫块安管。问题出在所用垫块和支垫质量，垫块什么材质都有，如机砖，不规则的石块，混凝土块。垫块不稳，高低不平，管子易移动。

（2）槽基高低不平、深浅不一；槽宽宽窄不一。安管后，管底许多处保证不了设计的管基厚度，管体两侧180°部位保证不了包封混凝土厚度。

（3）安管直顺度是靠随意捡来的块状体如砖头、混凝土块等，挤在管道胸腔部位，因嵌挤力大小不一，当浇混凝土时，又要将嵌挤物拿掉，管体左右移动，直顺度遭破坏，出现弯曲甚至错口。

（4）浇筑包封混凝土时，罐车将混凝土急流直下，胸腔两侧同时灌入，将空气压缩至管底，造成管底局部出现空洞。

原因分析

（1）雨水口支管不像干管那样被重视，没有详细交底，也没有严格管理，操作随意性大，什么样的情况都可能发生。

（2）不了解雨水口支管在使用过程中，通过雨水口接纳的杂物多、管道细、易堵塞的特点，需直顺、通畅，纵坡稍大（不小于1%）。

（3）没有认识到雨水口堵塞所造成的积水对行人、交通、市容影响之大。

防治措施

（1）施工管理要重视，监理程序要重视。应该像干线管道一样，有详细书面、口头交底，有工序验收程序。

（2）可采用“四合一”安管。即必须在保证槽宽、混凝土厚度、槽底高程，纵坡度合适的前提下，使平基、安管、接口、包封混凝土一气呵成的“四合一”施工方法施工。

（3）如果工人不能熟练掌握“四合一”安管，则不能使用这种施工方法，应采用平基安管的施工方法，即在基槽密实、平整，纵坡适宜的基础上浇筑平基混凝土，等强度达到5MPa后安管。360°满包混凝土可不支模板，但槽宽一定要保证包封混凝土的设计厚度（8cm）。

（4）如确因工期太紧必须采用垫块安管时，应采取一系列措施：必须先验收槽宽（槽中线每侧宽度＝管道外径/2＋一侧混凝土包封厚度）、槽深、基底密实、纵坡平顺；垫块长度不应小于相应管径的平基宽度，宽度不小于20cm，厚度不小于10cm，强度不低于C20。槽底必须垫卧砂浆坐稳坐实，不得两块干码，垫块顶面高程与槽底高差均不得小于混凝土平基厚度；安管必须在管底两侧三角部位、垫块上面，用块石或预制的混凝土斜壁（即楔形混凝土块）将管子卡牢，不得因外力或浇筑混凝土而移位。

（5）雨水口支管的包封混凝土，不宜浇筑到基层顶面，应至少有一层（一次碾压层厚）基层材料覆盖，防止混凝土与基层材料收缩，将裂缝反射到路面上去。

【问题95】支管接长，出现折点或反坡、错口

现象

因某种原因，一条支管分两次或三次接长，或因为道路加宽，雨水口支管在原有基础上接长，平面或纵断高程在接点处出现折点。纵断高程的折点还发生反坡。

原因分析

（1）一条支管分两次或三次施工或道路加宽在旧管上加长，没有与已埋管中线对称，沿原有纵坡顺延，造成折弯或反坡、错口。

（2）支管返坡降低泄水能力，其弯曲和错口，容易堵塞，给养护疏通造成困难。如发生严重堵塞，因弯曲或错口，使疏通的竹片难以穿过。即使用高压水枪，也会因摩阻系数加大，给打通增加了难度。

防治措施

如属二次以上接长，要预先测设好整段管线的中线、高程、坡度，当第二次或第三次延续接长时，应从已埋管内校核中线位置、高程、纵坡，就可避免倒坡、曲弯现象的发生。

第2部分　市政桥梁工程质量常见问题与防治

第7章　混凝土桥梁基础工程

7.1　钻孔灌注桩基础施工

【问题96】钻进中坍孔

现象

在钻孔过程中，如果钻孔内水位突然下降，孔口冒细密的水泡就显示已坍孔。此时，出渣量显著增加而不见钻头进尺，但钻机负荷显著增加，泥浆泵压力突然上升，造成憋泵。使钻孔无法正常进行。易造成掉钻、埋钻事故。

原因分析

(1) 由于泥浆比重不够或其他泥浆性能指标如黏度、胶体率等不符合要求，在孔壁不能形成坚实泥皮；或不能随地质条件变化，调整泥浆比重，造成孔壁不稳。

(2) 掏渣或清孔而未及时补充泥浆或水、或河水、潮水上涨、或孔内出现承压水、或钻孔通过砂砾等强透水层或孔壁遇到流沙层而造成孔内水头高度低于孔外时，压向孔壁的水压力减小，造成坍孔。

(3) 护筒埋置太浅，或孔口附近地面受水浸变软等现象，导致在钻孔过程中，钻孔内水位突然下降，孔口冒细密的水泡，显示已经坍孔。此时，出渣量显著增加而不见钻头进尺，但钻机负荷显著增加，泥浆泵压力突然上升，造成憋泵，使钻孔无法正常进行，很容易造成掉钻、埋钻事故。

防治措施

(1) 发生孔口坍塌时，可立即拆除护筒并回填钻孔，重新埋设护筒再钻。坍孔部位不深时，可用深埋护筒法，将护筒周围土夯填密实，重新钻孔。

(2) 发生孔内坍塌时，判明坍塌位置，回填砂和黏土（或砂砾和黄土）混合物到坍孔处以上1～2m。如坍孔严重时应全部回填。待回填物沉积密实后再行钻进。

（3）在松散粉砂土或流砂中钻孔时，应选用较大比重、黏度的泥浆，并放慢进尺速度。也可投入黏土掺片石或卵石，低锤冲击，将黏土膏、片石卵石挤入孔壁稳定孔壁。

（4）根据不同地质，调整泥浆比重，确保泥浆具有足够的稠度，确保孔内外水位差，维护孔壁稳定。

（5）清孔时应指定专人负责补水，保证钻孔内必要的水头高度。

【问题97】钻孔偏斜

现象

现场钻成的桩孔，垂直桩不竖直，斜桩斜度不符要求的标准。或桩位偏离设计桩位等。使灌注桩施工时钢筋笼难吊入，或造成桩的承载力小于设计要求，或使桩柱式桥墩、桥台难于与桩吻合相接。

原因分析

（1）钻孔中遇有较大孤石或探头石。

（2）在有倾斜度的软硬地层交界处，岩面倾斜处钻进，或在粒径大小悬殊的砂卵石层中钻进，钻头受力不均。

（3）扩孔较大处，钻头摆动偏向一方。

（4）钻机底座未安置水平或产生不均匀沉陷。

（5）钻杆弯曲，接头不正。

防治措施

（1）安装钻机时要使转盘，底座水平，起重滑轮轮轴，固定钻杆的卡孔和护筒中心三者应在一条竖直线上，并经常检查校正。

（2）由于主动钻杆较长，转动时上部摆动过大，必须在钻架上增设导向架，控制钻杆上的提引水笼头，使其沿导向架向中钻进。

（3）钻杆、接头应逐个检查，及时调正。主动钻杆弯曲，要用千斤顶及时调直。

（4）在有倾斜的软硬地层中钻进时，应吊着钻杆控制进尺，低速钻进。或回填片石、卵石冲平后再钻。

（5）在偏斜处吊住钻头上下反复扫孔，使孔正直。偏斜严重时应回填砂黏土到偏斜处，待沉积密实后再继续钻进；也可以在开始偏斜处设置少量炸药（少于1kg）爆破，然后用砂土和砂砾石回填到该位置以上1m左右，重新冲钻。

（6）冲击钻进时，应回填砂砾石和黄土，待沉积密实后再钻进。

【问题 98】缩孔

现象

孔径小于设计孔径，导致钢筋笼的混凝土保护层过小及降低桩承载力的质量问题。

原因分析

(1) 钻具焊补不及时，严重磨损的钻锥往往钻出比设计桩桩径稍小的孔。

(2) 钻进地层中有软塑土，遇水膨胀后使孔径缩小。

防治措施

(1) 应经常检查钻具尺寸，及时补焊或更换钻齿。有软塑土时，采用失水率小的优质泥浆护壁。

(2) 采用钻具上、下反复扫孔的方法来扩大孔径。

【问题 99】掉钻、卡钻和埋钻

现象

钻头被卡住为卡钻。钻头脱开钻杆掉入孔内为掉钻。掉钻后打捞造成坍孔为埋钻。

原因分析

(1) 冲击钻孔时钻头旋转不匀，产生梅花形孔。或孔内有探头石等，均能发生卡钻。倾斜长护筒下端被钻头撞击变形及钻头倾倒，也能发生卡钻。

(2) 卡钻时强提、强扭，使钻杆、钢丝绳断裂；钻杆接头不良、滑丝；电机接线错误，使不能反转的钻杆松脱，钻杆、钢丝绳、联结装置磨损，未及时更换等均造成掉钻事故。

(3) 打捞掉入孔中钻头时，碰撞孔壁产生坍孔，造成埋钻事故。

防治措施

(1) 经常检查转向装置，保证灵活，经常检查钻杆，钢丝绳及联结装置的磨损情况，及时更换磨损件，防止掉钻。

(2) 用低冲程时，隔一段时间要更换高一些的冲程，使冲锥有足够的转动时间，避免形成梅花孔而卡钻。

(3) 对于卡钻，不宜强提，只宜轻提钻头。如轻提不动时，可用小冲击钻冲击，或用冲、吸的方法将钻头周围的钻渣松动后再提出。

(4) 对于掉钻，宜迅速用打捞叉、钩、绳套等工具打捞。

(5) 对于埋钻，较轻的是糊钻，此时应对泥浆稠度，钻渣进出口，钻杆内径大小，排渣设备进行检查计算，并控制适当的进尺。若已严重糊钻，应停钻提出钻头，清除钻渣。冲击钻糊钻时，应减小冲程，降低泥浆稠度，并在黏土层上回填部分砂、砾石。如是坍孔或其他原因造成的埋钻，应使用空气吸泥机吸走埋钻的泥砂，提出钻头。

【问题 100】护筒冒水、钻孔漏浆

现象

护筒外壁冒水，护筒刃脚或钻孔壁向孔外漏泥浆。护筒内承压水头高，并得不到保障，易引发坍孔。也会造成护筒倾斜、位移及周围地面下沉。

原因分析

(1) 护筒埋设太浅，周围填土不密实，或护筒的接缝不严密，在护筒刃脚或其接缝处产生漏水。

(2) 钻头起落时，碰撞护筒，造成漏水。

(3) 钻孔中遇有透水性强或地下水流动的地层。

(4) 护筒内水位过高。

防治措施

(1) 埋设护筒时，护筒四周土要分层夯实，土质要选择含水量适当的黏土。

(2) 起落钻头，要注意对中，避免碰撞护筒。

(3) 对有钻孔漏浆相应情况时，可增加护筒沉埋深度，采取加大泥浆比重，倒入黏土慢速转动。用冲击法钻孔时，还可填入片石、碎卵石土，反复冲击增强。

(4) 适当降低护筒内的水头。

(5) 护筒刃脚冒水，可用黏土在周围填实、加固。如护筒接缝水，可用潜水工下水进行作业堵塞。

(6) 如护筒严重下沉、位移，则应返工重埋护筒。

(7) 钻孔孔壁漏水，可倒入黏土或填入片石、碎卵石土，以增强护壁。

【问题 101】清孔后孔底沉淀超厚

现象

挖孔的目的是抽、换孔内泥浆，降低孔内水的泥浆相对密度。掏渣法、喷射法及加深孔底均未达到清孔目的，不仅使桩尖承载力降低。且易引起桩身混凝土产生夹泥或有夹层，甚至发生断桩。

原因分析

(1) 在施工过程中掏渣法清孔只能去除孔底粗粒钻渣，不能降低泥浆的相

对密度，灌注混凝土时，会有部分泥浆成分沉淀至孔底使桩尖沉淀层加厚。

（2）喷射清孔时，射水（或射风）的压力过大易引起坍孔，压力过小，又不能有效翻动孔底沉淀物；加深孔底不能降低孔内水中泥浆的相对密度。

（3）加深孔底增加的承载力不能补偿未清孔造成的承载力损失。

防治措施

（1）清孔应根据设计要求、钻孔方法、机具设备条件和土层情况选定适应方法，应达到降低泥浆相对密度，清除钻渣，清除沉淀层或尽量减少其厚度的目的。

（2）对于各种钻孔方法，采用抽浆清孔法清孔最彻底。清孔中，应注意始终保持孔内水头，以防坍孔。

（3）清孔后，应从孔口、孔中部和孔底三部分提取泥浆，测定要求的各项指标。要求这三部分指标的平均值，应符合质量标准的要求。

（4）柱承桩清孔后，将取样盒吊至孔底。灌注水下混凝土前取出样盒，检查沉淀在盒内的渣土，其厚度应不大于设计规定。

（5）利用导管进行二次清孔，使用方法是用空气升液排渣法或空吸泵反循环法。

【问题102】导管堵管

现象

导管已提升很高，导管底口埋入混凝土接近1m。但是灌注在导管中的混凝土仍不能涌翻上来，造成灌注中断，易在中断后灌注时形成高压气囊。严重时，易发展为断桩。

原因分析

（1）因为混凝土离析，粗骨料集中而造成导管堵塞。

（2）由于灌注时间持续过长，最初灌注的混凝土已初凝，增大了管内混凝土下落的阻力，使混凝土堵在管内。

防治措施

（1）灌注混凝土的坍落度宜在18～22cm之间，并保证具有良好和易性。在运输和灌注过程中不发生显著离析和泌水。

（2）保证混凝土的连续灌注，中断灌注不应超过30min。

（3）灌注开始不久发生堵管时，可用长杆冲、捣或用振动器振动导管。若无效果，拔出导管，用空气吸泥机或抓斗将已灌入孔底的混凝土清出，换新导管，准备足够储量混凝土，重新灌注。

【问题103】埋导管事故

现象

导管从已灌入孔内的混凝土中提升费劲，甚至拔不出，可能埋导管使灌注水下混凝土施工中断，易发展为断桩事故。

原因分析

灌注过程中，由于导管埋入混凝土过深，一般往往大于6m，导管超过0.5h未提升，部分混凝土初凝，抱住导管。

防治措施

（1）埋导管时，用链式滑车、千斤顶、卷扬机进行试拔。若拔不出时，可加力拔断导管，然后按断桩处理。

（2）导管采用接头形式宜为卡口式，可缩短卸导管引起的导管停留时间，各批混凝土均掺入缓凝剂，并采取措施，加快灌注速度。

（3）随混凝土的灌入，勤提升导管，使导管埋深不大于6m。

【问题104】钻孔灌注桩断桩、缩径

现象

钻孔灌注桩出现断桩或缩径。

原因分析

（1）混凝土骨料级配差，混凝土和易性差而造成离析卡管。

（2）泥浆指标为达到规定指标标准，致使孔壁坍孔。

（3）搅拌设备故障引起混凝土灌注中断时间过长。

（4）混凝土浇筑过程中导管漏水或导管拔出混凝土面。

（5）同浇筑过程中导管埋深偏小，致使管内压力偏小。

（6）导管埋深过大管口混凝土已凝固。

（7）孔内压力过低。

防治措施

（1）确保骨料有良好的级配和混凝土具有良好的和易性。

（2）确保清孔泥浆指标（含黏度、比重、砂率等）。

（3）钻孔前钻孔平台应平整，基础应垫实、牢固。

（4）钻杆上端应设导向设备。

（5）有流沙层的桩基掺加外加剂如膨润土、羟基纤维素等加强泥浆的粘结性能。

（6）保持搅拌设备工作状态良好，并配有备用设备。

（7）确保导管初始埋深达标。混凝土浇筑过程中应保证合适的导管埋置深度。

（8）混凝土浇筑间歇时间不应大于混凝土初凝时间。

（9）维持孔内压力大于孔外压力。

7.2　现场吊放钢筋笼入孔

【问题 105】钢筋笼碰坍桩孔

现象

吊放钢筋笼入孔时，已钻好的孔壁发生坍塌。施工无法正常进行，严重时埋住钢筋笼。

原因分析

（1）钻孔孔壁倾斜、出现缩孔等孔壁极不规则时，由于钢筋笼入孔撞击而坍孔。

（2）吊放钢筋笼时，孔内水位未保持住坍孔。

（3）吊放钢筋笼不仔细，冲击孔壁产生坍孔。

防治措施

（1）钻孔时，严格掌握孔径、孔垂直度或设计斜桩的斜度，尽量使孔壁较规则。如出现缩孔，必须加以治理和扩孔。

（2）在灌注水下混凝土前，要始终维持孔内有足够水头高。

（3）吊放钢筋笼时，应对准孔中心，并竖直插入。

【问题 106】钢筋笼放置与设计要求不符

现象

（1）钢筋笼吊运中变形，使桩基不能正确承载，造成桩基抗弯、抗剪强度降低，桩的耐久性大大削弱等。

（2）钢筋笼保护层不够，钢筋笼底面标高与设计不符。

原因分析

（1）桩钢筋笼加工后，钢筋笼在堆放、运输、吊入时没有严格按规程办事，支垫数量不够或位置不当，造成变形。

（2）钢筋笼上没有绑设足够垫块，吊入孔时也不够垂直，产生保护层过大及过小。

（3）清孔后由于准备时间过长，孔内泥浆所含泥砂，钻渣逐渐又沉落孔底，灌注混凝土前没按规定清理干净，造成实际孔深与设计不符，形成钢筋笼底面标高有误。

防治措施

（1）钢筋笼根据运输吊装能力分段制作运输，吊入钻孔内再焊接相连接成一根。

（2）钢筋笼在运输与吊装时，除预制焊接时每隔2m设置加强箍筋外，还应在钢筋笼内每隔3～4m装一个可拆卸的十字形临时加强架，待钢筋笼吊入钻孔后拆除。

（3）钢筋笼周围主筋上，每隔一定间距设混凝土垫块或塑料小轮状垫块，使混凝土垫块厚和小轮半径符合设计保护层厚。

（4）最好用导向钢管固定钢筋笼位置，钢筋笼顺导向钢管吊入孔中。这样，不仅可以保证钢筋的保护层厚度符合设计要求，还可保证钢筋笼在灌注混凝土时，不会发生偏离。

（5）做好清孔，严格控制孔底沉淀层厚度，清孔后，及早进行混凝土灌注。

7.3 灌注水下混凝土

【问题107】导管进水

现象

（1）灌注桩首次灌注混凝土时，孔内泥浆及水从导管下口灌入导管。

（2）灌注中，导管接头处进水。

（3）灌注中，提升导管过量，孔内水和泥浆从导管下口涌入导管等现象。

导管进水，轻者造成桩身混凝土离析，轻度夹泥；重者产生桩身混凝土有夹层甚至发生断桩事故。

原因分析

（1）首次灌注混凝土时，由于灌满导管和导管下口至桩孔底部间隙所需的混凝土总量计算不当，使首灌的混凝土不能埋住导管下口，而是全部冲出导管以外，造成导管底口进水事故。

（2）灌注混凝土中，由于未连续灌注，在导管内产生气囊。当又一次聚集大量混凝土拌和物猛灌时，导管内气囊产生高压，将两节导管间加入的封水橡皮垫挤出，致使导管接口漏空而进水。

（3）导管拼装后，未进行水密性试验。由于接头不严密，水从接口处漏入导管。

（4）测深时，误判造成导管提升过量，致使导管底口脱离孔内的混凝土液面，使泥水进入。

防治措施

（1）确保首批灌注的混凝土总方量，能满足填充导管下口与桩孔底面间隙和使导管下口首灌时被埋没深度不小于1m的需要。首灌前，导管下口距孔底一般不超过0.4m。

（2）在提升导管前，用标准测深锤（锤重不小于4kg，锤呈锥状，吊锤索用质轻，拉力强，浸水不伸缩的尼龙绳）测好混凝土表面的深度，控制导管提升高度，始终将导管底口埋于已灌入混凝土液面下不少于2m。

（3）下导管前，导管应进行试拼，并进行导管的水密性、承压性和接头抗拉强度的试验。试拼的导管，还要检查其轴线是否在一条直线上。试拼合格后，各节导管应从下而上依次编号，并标示累计长度。入孔拼装时，各节导管的编号及编号所在的圆周方位，应与试拼时相同，不得错、乱，或编号不在一个方位。

（4）首灌混凝土后，要保持混凝土连续地灌注，尽量缩短间隔时间。当导管内混凝土不饱满时，应徐徐地灌注，防止导管内形成高压气囊。

（5）首灌底口进水和灌注中导管提升过量的进水，一旦发生，停止灌注。利用导管作吸泥管，以空气吸泥法，将已灌注的混凝土拌和物全部吸出。针对发生原因，予以纠正后，重新灌注混凝土。

【问题108】导管堵管

现象

导管已提升很高，导管底口埋入混凝土接近1m。但是灌注在导管中的混凝土仍不能涌翻上来。容易造成灌注中断，易在中断后灌注时形成高压气囊。严重时，易发展为断桩。

原因分析

（1）由于各种原因使混凝土离析，粗骨料集中而造成导管堵塞。

（2）由于灌注时间持续过长，最初灌注的混凝土已初凝，增大了管内混凝土下落的阻力，使混凝土堵在管内。

防治措施

（1）灌注混凝土的坍落度宜在18～22cm之间，并保证具有良好和易性。在运输和灌注过程中不发生显著离析和泌水。

（2）保证混凝土的连续灌注，中断灌注不应超过30min。

（3）灌注开始不久发生堵管时，可用长杆冲、捣或用振动器振动导管。若无效果，拔出导管，用空气吸泥机或抓斗将已灌入孔底的混凝土清出，换新导管，准备足够储量混凝土，重新灌注。

【问题 109】提升导管时导管卡挂钢筋笼

现象

导管提升时，导管接头法兰盘或螺栓挂住钢筋笼，无法提升导管，使灌注混凝土中断，易诱发导管堵塞。易演变成断桩、埋导管事故。

原因分析

（1）导管拼装后，其轴线不顺直，弯折处偏移过大，提升导管时，挂住钢筋笼。

（2）钢筋笼搭接时，下节的主筋摆在外侧，上节的主筋在里侧，提升导管时被卡挂住。钢筋笼的加固筋焊在主筋内侧，也易挂在导管上。

（3）钢筋笼变形成折线或者弯曲线，使导管与其发生卡、挂。

防治措施

（1）导管拼装后轴线顺直，吊装时，导管应位于井孔中央，并在灌注前进行升降是否顺利的试验。法兰盘式接口的导管，在连接处罩以圆锥形白铁罩，白铁罩底部与法兰盘大小一致，白铁罩顶与套管头上卡住。

（2）钢筋笼分段入孔前，应在其下端主筋端部加焊一道加强箍，入孔后各段相连时，应搭接方向适宜，接头处满焊。

（3）发生卡挂钢筋笼时，可转动导管，待其脱开钢筋笼后，将导管移至孔中央继续提升。如转动后仍不能脱开时，只好放弃导管，造成埋管。

【问题 110】钢筋笼在灌注混凝土时上浮

现象

钢筋笼入孔后，虽已加以固定。但在孔内灌注混凝土时，钢筋笼向上浮移。钢筋笼一旦发生上浮，基本无法使其归位，从而改变桩身配筋数量，损害桩身抗弯强度。

原因分析

混凝土由漏斗顺导管向下灌注时，混凝土的位能产生一种顶托力。该种顶托力随灌注时混凝土位能的大小，灌注速度的快慢，首批混凝土的流动度，首批混凝土的表面标高大小而变化。当顶托力大于钢筋笼的重量时，钢筋笼会被浮推上升。

防治措施

（1）摩擦桩应将钢筋骨架的几根主筋延伸至孔底，钢筋骨架上端在孔口处与护筒相接固定。

（2）灌注中，当混凝土表面接近钢筋笼底时，应放慢混凝土灌注速度，并应使导管保持较大理深，使导管底口与钢筋笼底端间保持较大距离，以便减小对钢筋笼的冲击。

（3）混凝土液面进入钢筋笼一定深度后，应适当提升导管，使钢筋笼在导管下口有一定埋深。但注意导管埋入混凝土表面应不小于 2m。

【问题 111】灌注混凝土时桩孔坍孔

现象

灌注水下混凝土过程中，发现护筒内泥浆水位忽然上升溢出护筒，随即骤降并冒出气泡，为坍孔征兆。如用测深锤探测混凝土面与原深度相差很多时，可确定为坍孔。坍孔容易造成桩身扩径，桩身混凝土夹泥，严重时，会引发断桩事故。

原因分析

（1）灌注混凝土过程中，孔内外水头未能保持一定高差。在潮汐地区，没有采取措施来稳定孔内水位。

（2）护筒刃脚周围漏水；孔外堆放重物或有机器振动，使孔壁在灌注混凝土时坍孔。

（3）导管卡挂钢筋笼及堵管时，均易同时发生坍孔。

防治措施

（1）灌注混凝土过程中，要采取各种措施来稳定孔内水位，还要防止护筒及孔壁漏水，其措施参见“钻进中坍孔”的防治措施。

（2）用吸泥机吸出坍入孔内的泥土，同时保持或加大水头高，如不再坍孔可继续灌注。

（3）如用上法处治，坍孔仍不停时，或坍孔部位较深，宜将导管、钢筋笼拔出，回填黏土，重新钻孔。

【问题 112】埋导管事故

现象

导管从已灌入孔内的混凝土中提升费劲，甚至拔不出，造成埋管事故。埋导管使灌注水下混凝土施工中断，易发展为断桩事故。

原因分析

（1）灌注过程中，由于导管埋入混凝土过深，一般往往大于 6m。

（2）由于各种原因，导管超过 0.5h 未提升，部分混凝土初凝，抱住导管。

防治措施

（1）导管采用接头形式宜为卡口式，可缩短卸导管引起的导管停留时间，各批混凝土均掺入缓凝剂，并采取措施，加快灌注速度。

（2）随混凝土的灌入，勤提升导管，使导管埋深不大于6m。

（3）埋导管时，用链式滑车、千斤顶、卷扬机进行试拔。若拔不出时，可加力拔断导管，然后按断桩处理。

【问题113】桩头浇筑高度短缺

现象

已浇筑的桩身混凝土（图7-1），没有达到设计桩顶标高再加上0.5～1m的高度。在有地下水时，造成水下施工。无地下水时，需进行接桩，产生人力、财力和时间的浪费，加大工程成本。

图7-1 已浇筑的桩身

原因分析

（1）混凝土灌注后期，灌注产生的超压力减小，此时导管埋深较小。由于测深时，仪器不精确，或将过稠浆渣、坍落土层误判为混凝土表面，使导管提冒漏水。

（2）测锤及吊锤索不标准，手感不明显，未沉至混凝土表面，误判已到要求标高。造成过早拔出导管，中止灌注。

（3）不懂得首灌混凝土中，有一层混凝土从开始灌注到灌注完成，一直与水或泥浆接触，不仅受浸蚀，还难免有泥浆、钻渣等杂物混入，质量较差，必须在灌注后凿去。因此，对灌注桩的桩顶标高计算时，未在桩顶设计标高值上，增加0.5～1m的预留高度。从而在凿除后，桩顶低于设计标高。

防治措施

（1）尽量采用准确的水下混凝土表面测深仪，提高判断的精确度。当使用标准测深锤检测时，可在灌注接近结束时，用取样盒等容器直接取样，鉴定良好混凝土面的位置。

（2）对于水下灌注的桩身混凝土，为防止剔桩头造成桩头短浇事故，必须在设计桩顶标高之上，增加0.5～1m的高度，低限值用于泥浆比重小的、灌注过程正常的桩；高限值用于发生过堵管，坍孔等灌注不顺利的桩。

（3）无地下水时，可开挖后做接桩处理。

（4）有地下水时，接长护筒，沉至已灌注的混凝土面以下，然后抽水、清渣、按接桩处理。

【问题114】夹泥、断桩

现象

先后两次灌注的混凝土层之间，夹有泥浆或钻渣层，如存在于部分截面，为夹泥；如属于整个截面有夹泥层或混凝土有一层完全离析，基本无水泥浆粘结时，为断桩。

夹泥、断桩使桩身混凝土不连续，无法承受弯矩和地震引起的水平剪切力，使桩报废。

原因分析

（1）灌注水下混凝土时，混凝土的坍落度过小，骨料级配不良，粗骨料颗粒太大，灌注前或灌注中混凝土发生离析；或导管进水等使桩身混凝土产生中断。

（2）灌注中，发生堵塞导管又未能处理好；或灌注中发生导管卡挂钢筋笼，埋导管，严重坍孔，而处理不良时，都会演变为桩身严重夹泥，混凝土桩身中断的严重事故。

（3）清孔不彻底或灌注时间过长，首批混凝土已初凝，而继续灌入的混凝土冲破顶层与泥浆相混；或导管进水，一般性灌注混凝土中坍孔，均会在两层混凝土中产生部分夹有泥浆渣土的截面。

防治措施

（1）混凝土坍落度严格按设计或规范要求控制住，尽量延长混凝土初凝时间（如用初凝慢的水泥，加缓凝剂，尽量用卵石，加大砂率，控制石料最大粒径）。

（2）灌注混凝土前，检查导管、混凝土罐车、搅拌机等设备是否正常，并有备用的设备、导管，确保混凝土能连续灌注。

（3）随灌混凝土，随提升导管，做到连灌、勤测、勤拔管，随时掌握导管埋入深度，避免导管埋入过深或过浅。

（4）采取措施，避免导管卡、挂钢筋笼；避免出现堵导管、埋导管、灌注中坍孔、导管进水等质量通病的发生。

（5）断桩或夹泥发生在桩顶部时，可将其剔除。然后接长护筒，并将护筒压至灌注好的混凝土面以下，抽水、除渣，进行接桩处理。

（6）对桩身在用地质钻机钻芯取样，表明有蜂窝、松散、裹浆等情况（取芯率小于40%时），桩身混凝土有局部混凝土松散或夹泥、局部断桩时，应采用压浆补强方法处理。

（7）对于严重夹泥、断桩，要进行重钻补桩处理。

7.4 沉入桩基础施工

【问题115】桩顶位移、桩身倾斜

现象

沉桩中，相邻桩产生横向位移或桩身垂直偏差过大。

原因分析

沉桩中，相邻桩产生横向位移或桩身垂直偏差过大，可能会导致桩顶位移，使桩的间距偏差超过标准。桩身垂直偏差过大，使桩身受力情况恶化。出现这些问题的原因主要是桩入土遇到障碍物，把桩尖挤向一侧，钻孔埋桩时，钻孔垂直偏差过大；多节桩施工，相接两节桩不在同一轴线上；稳桩时，桩不垂直，桩帽、桩锤及桩不在同一直线上，或桩顶不平。

防治措施

（1）施工前，应将地下障碍物清理干净，整平场地或使沉桩设备底盘保持水平（尤其桩位范围），必要时可用钎探了解地下情况。

（2）初沉桩时，如发现桩不垂直应及时纠正，稳桩要垂直。

（3）钻孔埋桩时，钻孔垂直偏差严格控制在1%以内。埋桩时，桩身顺孔埋入。

（4）把沉入一定深度发生倾斜的桩拔出，清理完障碍物或回填素土后重新沉桩。如桩帽与桩接触面处及替打木不平整，应进行处理后，方才继续沉入。

【问题116】桩不能沉入

现象

桩身不下沉，反而发生桩身颤动，锤回弹或桩身上涌，使沉桩作业无法进

行，影响工程进度。

原因分析

（1）如发生桩身颤动，锤反弹，多因桩入土不深即遇障碍物。

（2）如发生桩身上涌，是因桩的周围土体侧向位移受到限制，当桩距较小时，在软黏土层中极易发生桩被挤，桩身向上隆起。

防治措施

（1）要事前摸清桩位地质及地下障碍物，要合理安排沉桩的顺序，根据不同土质及桩数多少，分别采取由中间向两边打法或分段打桩法可防止出现桩不能沉入的问题。

（2）不使用桩身弯曲超过规定的桩。

（3）选用与桩重相适应的锤重并选用合适的落锤高度。

（4）确定合理的打桩顺序。对砂性土地基可采取放慢沉桩进度或间断施工方法，利用砂土松弛效应减小桩的贯入总阻力。

（5）当穿越硬夹层时，可采用植桩法或射水法施工。

（6）入土不深时可将桩拔出，排除障碍后重新沉入。

（7）当锤回弹时，可偏移桩位，加装铁靴，射水配合沉桩。

（8）当桩身上涌时，当涌起量过大，应作冲击试验，不合格的桩要进行复打。

【问题 117】桩贯入度突然变小或加大

现象

桩被打入时，其每次锤击桩的贯入深度（单位为 cm）突然减小或者突然增大。桩贯入度突然变大或变小，表明沉入状况不正常。如不停打找原因纠正，不是桩身破坏，就是桩的承载力不足。

原因分析

（1）桩尖遇到大孤石等地下障碍物，使贯入度突然变小；桩尖进入软土层，贯入度突然变大。

（2）桩身破断，桩尖劈裂，也会使贯入度突然加大，但同时桩身倾斜。

防治措施

（1）尽量详细地查清桩位处地下土质、障碍物，选择好沉桩方法，避免出现贯入度异常。

（2）当贯入度突然变小时，不要硬打，应查明原因，对症处理。

（3）当贯入度突然加大，并发生桩身倾斜时，管桩可用灌水法、铁钩、电钳、照明等方法探明是否破断，如探测不明，则应拔出桩后进行处理。

【问题 118】 断桩加固处理

对于沉入后已经断裂破损的桩，较为严重的应拔出重打或另补新桩外，其他可根据具体情况，作以下修补加固处理：

(1) 河床以上部分，桩身露筋、混凝土脱落及裂纹较多的，可用薄钢板制成拼装式套筒，由潜水员安装于破损处桩的外围，套筒的长度应使套筒下端能放在河床上和视桩身破损部分的高度而定。

(2) 在河床以下桩已断裂时，如仅管壁混凝土破损，而钢筋未变形时，可将混凝土浇筑至顶部。如钢筋已变形弯曲时，可用通桩器将弯曲钢筋冲开，加置钢筋骨架后填充混凝土。通桩器应用直径大小不同的，由小至大逐步替换冲击，以扩大桩心通路。如钢筋弯曲均在上部，而桩的下端有足够锚固力时，可考虑用拔桩设备适当地将钢筋拉直，但应避免将桩的下段拔动，再进行填充加固处理。

(3) 加固处理后的基桩，应进行静载试验（图 7 - 2）。经试验合格，方可使用；如不合格，则加打新桩。

图 7 - 2 灌注桩检测

(4) 对于用射水法沉入的桩，当发现断桩时，可进行填充加固处理后，用静载试验。如承载力不合要求时，可用静载重将桩压入至一定深度，直至承载力合格，方可使用。

(5) 坏桩要拔除时，可使用双动汽锤、振动锤、拔桩汽锤进行。

7.5 沉井施工

【问题119】沉井偏斜

现象

沉井筒体偏斜，沉井井筒中心线与刃脚中心线不垂直。沉井不能准确就位，造成桥下部结构纵、横轴线位置不符合设计要求。

原因分析

(1) 沉井制作场地土质不良，预制前未进行地基处理。

(2) 在抽除支承垫木时，不按对称均匀进行，抽除后又未及时回填夯实，致使沉井在制作和初沉阶段偏斜。

(3) 刃脚与井壁施工质量差，如刃脚不平、不垂直、刃脚和井壁中心线不铅直，使刃脚失去导向作用。

(4) 开挖面偏挖，局部超挖过深，沉井正面阻力不均匀，不对称，下沉中途停沉和突沉。

(5) 不排水下沉沉井，在中途盲目排水迫沉，或沉井内补水不及时。

(6) 下沉过程中没有及时采取防偏、纠偏措施。

防治措施

(1) 沉井预制场应事前平整夯实，对不良土质及软硬不匀者，采取地基加固方法处理。

(2) 抽除支承垫木应依次、对称、分区、同步进行，每次抽去垫木后，刃脚下应立即用砂或砾砂填实。定位支点垫木，应最后同时抽除。

(3) 严格按操作规程施工，刃脚、井壁施工质量必须符合设计要求。按合理顺序挖土，使沉井正面阻力均匀对称。

(4) 沉井下沉可采取偏除土、偏压重、顶部施加水平力，或刃脚下偏支垫等方法纠正倾斜。

(5) 纠正位移时，可先偏除土，使沉井底面中心向墩位设计中心倾斜。然后在相对侧偏除土，使沉井恢复竖直，如此反复进行，使沉井逐步移近设计中心。

(6) 纠正扭转。当沉井中心位置基本符合要求，仅水平角度扭转时，可在一对角线两角采取偏除土，在另外二角采取偏填上，借助于刃脚下不相等的土压力形成的扭矩。使沉井在下沉中逐步纠正扭转角度。

【问题120】沉井停沉

现象

沉井下沉困难以及不下沉。沉井作业难于进行，延误工期。

原因分析

(1) 开挖面挖土深度不够，正面阻力过大，遇坚硬土层，破土困难。

(2) 沉井偏斜，致使刃脚下局部土体未能顺利挖除，形成较大的正面阻力。

(3) 壁后无减阻措施或减阻措施遭到破坏，侧面摩阻力增大。

(4) 沉井在软黏土层中因故中途停止下沉时间过久，侧压力恢复增长。

防治措施

(1) 同“沉井偏斜”的防治措施。

(2) 加强测量，根据土质条件调整挖土深和范围，以减少正面阻力。

(3) 对个别坚硬土层应提前采取打钻、爆破等措施。

(4) 在软黏性土层中，对下沉系数较小的沉井，应连续挖土连续下沉，中间不应有较长时间停歇。

(5) 降低井内水位，减小沉井浮力。增加沉井自重。

(6) 有条件接高沉井时，提高井壁或加载助沉。

(7) 加设空气幕或用射水法助沉，减少井壁土的摩阻力等。

【问题121】沉井突沉

现象

沉井在瞬时内较大下沉，突沉前通常有停沉现象出现，使沉井的位置失去控制。严重时往往同时井筒偏斜，地面塌陷。

原因分析

(1) 将沉井下沉在软土地层中，当井筒内外土压不平衡时。易产生塑流。故井筒内挖土较深，或刃脚下的土被挖，而失去支承时，常会产生大量下沉。

(2) 当黏土层中挖土超过刃脚太深，形成较深锅底，或黏土层只局部穿透，但其下部的砂层却被水力吸泥机吸空时，刃脚下黏土失稳会引起突然坍塌，沉井就可能随之突沉。在不排水下沉施工中途采取排水迫沉时，突沉情况尤为严重。

防治措施

(1) 在软土地层的沉井，可增大刃脚踏面宽度，或增设底梁以提高正面支承力；挖土时在刃脚邻近宜保留约50cm宽的土堤，使沉井挤土下沉。

（2）在黏土层中要严格控制挖土深度，黏土层下有砂层时，更应防止把砂层吸空。

（3）发现沉井有涌砂或严重塑流等险情，为防止意外事故发生和控制突沉，可把沉井改为不排水下沉施工。

（4）当沉井沉不下时，应按前述“沉井停沉”的治理方法处理，不可过多超前挖深或排水迫沉。

第 8 章　桥梁工程模板施工

8.1　桥梁模板加工、拼装

【问题 122】现浇结构混凝土面凸凹不平

现象

侧壁板、墙体拆模后，混凝土面凸凹不平，有的地方成鼓包，有的地方凹瘪，甚至出现表面连续成波形，造成混凝土结构外观质量不合格，极大地损伤桥梁结构的形体美。

原因分析

（1）模板板面刚度不足，其背部的龙骨间距偏大或钢板偏薄。

（2）穿壁（墙、腹板）螺栓的塑料套管长短不一致，形成钢板面受力不匀；穿强螺栓有的拧得过紧，有的拧得过松，使其周边的钢板面产生局部变形。

（3）模板周转使用次数过多，钢板面已形成疲劳变形。

（4）安装过程中用大锤砸击模板，造成板面损伤。

防治措施

（1）加强对大模板的检查和维修，板面有缺陷时随时进行修理，必要时更换钢模板面。

（2）刚度不够的钢板面，可在其背面用龙骨或小肋进行加固。

（3）对有穿墙、壁、腹板的螺栓部位的板面可在板面与龙骨之间加焊钢管或型钢。

（4）塑料套管长度要与所穿结构壁厚一致，不准长短不一。

（5）文明施工，严禁敲砸撞击板面。

（6）对出现大模板板面变形者应立即进行检修、加固。

（7）对凹凸不平的结构壁面，拆模后进行修补，对鼓凸部分进行剔凿或用砂轮磨平。凹瘪处凿毛，刷上界面剂后用聚合物水泥砂浆经配色一致后抹平压光。

【问题 123】模板安装位置偏移，标高差错，模板形状、尺寸有误

现象

弯、坡、斜桥及立交桥，由于轴线及标高关系复杂，产生轴线偏离，不符

设计标高，斜交角左斜、右斜搞反了，纵坡的上坡、下坡搞相反等位置错误问题，使现浇或预制的结构物或构件的位置、尺寸规格发生与设计不符的差错，造成进一步的施工障碍，甚至引起返工。

原因分析

（1）查阅设计图时，搞错了标高、轴线、夹角关系等。

（2）根据图纸设计数据，推算中搞错了。

（3）没有按控制导线、三角网来控制轴线桩。测桩未经复核。

（4）水准点移动或错误数据，或用错水准点。

（5）施测放线时搞错，没有严格执行测量复核制。

（6）技术交底时，搞错或交待不清。

防治措施

（1）组织好设计图纸的学习和会审。

（2）搞好测量交桩、接桩工作，做好自审和互审。

（3）加强桥轴线控制桩和水准点的管理，定期进行复测。对丢掉或移动而无法纠正的桩，及时补上。

（4）严格执行测量复核制度，放线施测后，一定要有人重新复核测量。

【问题 124】条形模板制作安装缺陷

现象

条形基础侧模、盖梁和台帽侧模、刚性扩大浅基侧模等，其条形模板沿模板通长方向模板上口不直，宽度不准。混凝土表面错台，造成条形基础、盖梁和台帽、刚性扩大浅基的边棱不直顺，尺寸不准，混凝土外观效果不佳。

原因分析

（1）挂线垂直度有偏差，模板上口不在同一直线上，横向线检查点过少。

（2）模板横向支撑软硬不均，或模板长向接缝处脱开，造成错台。

（3）模板上口未钉木带，浇筑混凝土时，其侧压力使模板下端向外推移，造成模板上口内倾，减小上口宽。

（4）模板横撑或斜撑直接撑在土壁上，当振捣混凝土时，撑木底脚插入土中，造成模板上口宽度不准。

防治措施

（1）模板应具有符合要求的刚度和强度，支模时，垂直度准确。横向支撑应牢固稳定，并保证软硬一致。

（2）模板上口应钉木带，或浇筑时加临时横向内撑木，以控制条形模模板口宽度，并通长拉线，保证上口平直。

（3）模板支撑撑在土壁上时，下面应垫以木板，以扩大其接触面，两块模板长向接头处应加立柱，使板面平整，连接牢固。

【问题 125】定型组合钢模板拼装质量问题

现象

定型组合钢模板，拼装成一定形状和大小的板件时，常易出现两块模板间拼缝超宽，存在错台，板面平整度不好，长宽尺寸存在较大累计误差及两对角线不等长，板件不规正等质量缺陷，造成定型组合钢模板围筑结构物或构件产生板缝漏浆，混凝土面产生平整度差、错台等外观缺陷，还会产生构件、配件的尺寸、形状的改变面影响安装的精度。

原因分析

（1）平面钢模板纵、横肋变形或扭曲，造成拼装时拼缝超宽，对角线不等长。

（2）钢模 U 形卡的夹紧力不符合要求，无法夹紧两肋，模板错位。

（3）平面钢模板纵、横肋高或插销孔、U 形卡孔与板面的间距超标，产生错台及板面平整度不好。

（4）钩头螺栓、紧固螺栓松紧不一致，或钢楞长度方向弯曲度超标，而造成的板面平整度不好。

防治措施

（1）平面钢模板组装前要按质量标准抽查，对超差的模板进行修理，直至达标；无法达标的模板，去除不用。

（2）钢模配件如 U 形卡、钢楞，要事前按质量标准抽查并矫正。

（3）钢模板排列作为梁、柱模板时，应从一端挤紧，同一端装 U 形卡，U 形卡应正反交替放置，作为墙板模板时，宜由中间向外对称排列。

（4）钩头螺栓、紧固螺栓应松紧一致，所有内外钢楞交接处均应挂牢。

（5）为保证拼装质量，应设计配板图，条件允许时，优先采用整体拼装，整体安装法。

【问题 126】杯形基础模板制作安装缺陷

现象

杯形基础中心线不准，杯口模板位移，混凝土浇捣时芯模浮起，拆模时芯模脱不出，造成安装预制柱、板时，就位困难。

原因分析

（1）杯基中心线弹线未校核对角线。

（2）杯基上段模板支撑方法不当，浇筑混凝土时，杯芯模板由于不透气比重较轻，向上浮升。

（3）模板四周的混凝土振捣不均衡，造成模板偏移。

（4）操作脚手板搁置在杯口模板上，造成模板下沉。

（5）杯芯模板拆除过迟，粘结太牢。

防治措施

（1）杯形基础支模，应首先找准中心线位置及标高，先在轴线桩上找好中心线，用线坠在垫层上标出两点，弹出中心线，再由中心线按图弹出基础四周边线。要校核对角线，用水平仪测定标高，然后挂线支设模板。

（2）支架上段模板时，采用抬把木带，可使位置准确。托木的作用是将抬把木带与下级的混凝土面隔开少许间距，便于下段混凝土面的拍平。

（3）芯采用清水模板，要刨光、拼严，芯模外表面涂隔离剂，底部应钻几个小孔，以便排气减少浮力。

（4）浇筑混凝土时，在芯模四周要均衡下料及振捣；脚手板不得搁在模板上。

（5）拆除的杯芯模板，要根据施工时的气温及混凝土凝固情况来掌握，一般在初凝前后即可用锤轻打，撬棍拨动。较大的芯模，可用倒链将芯模稍加松动后，再徐徐拔出。

【问题127】墩柱模板制作安装缺陷

现象

（1）出现“穿裙子”现象，柱身混凝土外观质量差。

（2）一排柱子不在同一轴线上，造成墩柱平面位置不准。

（3）柱身扭转。

（4）表面不平整光滑。

原因分析

（1）柱箍不牢或板缝不严密。

（2）成排柱子支模不挂通线，不规方，柱模竖直度控制不严格。支模前，柱的竖向主筋未将其偏移调整过来。

（3）柱模未保护好，支模前已歪扭，未整修就用。

（4）柱的斜向支撑支撑力大小不匀，使模板支撑松紧不等。

（5）模板上有混凝土残渣，未很好清理或脱模剂涂刷不匀。

防治措施

(1) 根据柱断面大小及高度，柱模板每隔 50～100cm，应加设牢固的柱箍，对于整体组合模板，要检查其上、下口的对角线长度，检查连接件、柱箍的紧固程度。

(2) 对于需接长的柱，应在第一次浇的柱节顶端，预埋定位钢板及螺栓，待往上接柱支模时，其下口紧固于定位钢板上。

(3) 成排柱子支模前，应先在底部弹出通线，将柱子位置兜方找中；支撑时，应先立两端柱模，校直与复核位置无误后，顶部拉通长线，再立中间各根柱模。柱距较大时，各柱单独拉四面斜撑，保证柱位准确。

(4) 较高的柱子，应在模板中部一侧留临时浇筑孔，以便浇筑混凝土时，插入振捣棒，当混凝土浇到临时洞口时，即应封闭牢固。

(5) 柱子支模板前，必须先校正钢筋位置。

【问题 128】现浇梁、板模板及支架缺陷

现象

(1) 支架移位、下垂或支架基础沉降，会引起现浇混凝土产生施工裂缝，严重时产生结构受力状态与要求不符而断裂、倒塌。

(2) 梁、板中部下挠，梁、板底面不平，梁身不平直，造成梁、板身下挠，给人以不安全感。

(3) 拆模后发现梁身侧面有水平裂缝、掉角、表面粗糙，降低梁的耐久性，损坏混凝土的外观质量。

原因分析

(1) 支架基础回填夯实不足或不均匀；坡桥模板底面倾斜度超过 3%时，垂直荷载的水平分力使支架倾斜；后张预应力混凝土梁施加预应力引起反力点转移，改变支架受荷情况而使支架变形；排架下垫层层次过多，加大沉降量。

(2) 板、梁底模板未预留拱度或预拱度不足。

(3) 梁、板底面模板不平，混凝土接触面平整度超差。

(4) 梁侧模上口横档未拉通线，斜撑角度过大（大于 60°），支撑不牢，造成局部偏歪。

(5) 梁高较大，侧模刚度差，又未设对拉螺栓，造成梁身不平直。

(6) 采用黄花松木或易变形的木材制作模板，浇筑后变形大，易使混凝土产生裂缝、掉角和表面毛糙。

(7) 支架揣手楔设置不良，造成梁板底面不平整。

防治措施

（1）梁、板底支撑间距，应能保证在混凝土自重和施工荷载等作用下不产生变形，必要时可铺设灰土层或石灰粉煤灰砂砾混合料结构层，铺放通长垫木，确保支撑不沉陷。

（2）支架设计要进行荷载不均匀分布的验算，考虑各种可能发生水平荷载作用下的稳定，而且一定要把支架杆件固定到桥墩、桥台的坚固处，在杆件间要用斜撑和拉杆拉紧。

（3）板、梁底模应按预留拱度起拱。

（4）根据梁高及宽度，核算混凝土振捣时的重量及侧压力，选择模板厚、主柱间距，根据梁高加设横枋和对拉螺栓数量。

（5）支架揣手楔，必须选用木质坚硬的材料，揣手楔应背紧，设置恰当，防止支架发生不符合设计要求的变位。

（6）梁模尽量不采用黄花松木或其他易变形的木材制作，如用黄花松制作梁侧模，应在混凝土浇灌前充分用水浇透。

【问题 129】现浇墙、桥台模板制作安装缺陷

现象

（1）墙体厚薄不一，墙面高低不平或倾斜变形。

（2）墙根跑浆、露筋。模板底部被混凝土及砂浆裹住，拆模困难。

（3）伸缩缝处橡胶止水带未被浇筑的墙体混凝土包裹住，甚至挤偏。

（4）墙体分层浇筑出现接槎不平、错台。

原因分析

（1）模板制作不平整，厚度不一致，相邻两块墙模拼接不严不平，支撑不牢等。

（2）模板间支撑方法不当，使模板在浇筑混凝土时发生位移或倾斜。

（3）混凝土浇筑分层过厚，振捣不密实，模板受侧压力过大，支撑变形。

（4）角模与墙模板拼接不严，水泥浆漏出，包裹模板下口，拆模时间太迟，模板与混凝土粘结力过大。

（5）伸缩缝处橡胶止水带与模板未固定好。

防治措施

（1）桥台、墙面模板应拼装平整，并严格按质量检验标准把关。

（2）台、墙身中间应用穿墙对拉螺栓拉紧，两片模板间，应根据墙厚，用钢管或硬塑料管顶撑，以保证墙体厚度一致。

（3）当伸缩缝两边墙体混凝土不能同时浇筑混凝土时，此时端头模板应与

橡胶止水带的中空管抵紧，端模与侧模用连接角模相连接，并与钢筋焊接伸出拉杆螺栓将模板钢楞拉紧，确保支模稳固，板缝严密不漏浆；施工中多数是将端头钢模与侧模相连。

（4）每层混凝土的浇筑厚度应控制在施工规范允许范围内。

（5）采用预埋螺栓夹紧模板底口。当分层浇筑混凝土和安装模板时，两次支模的接槎部位往往易出现“穿裙”现象。为消除此类通病，必须使上部模板能夹紧已浇筑的墙体（柱体），并得到稳定的支点。为此，可在浇筑第一层混凝土前，模板中放置预埋螺栓杆，待浇筑上层时，再用螺栓夹紧两根横向放置的角钢（也可用 50mm×60mm 的木方），作为上部模板的支撑点，避免产生“穿裙”现象。

【问题 130】 隔离剂引起的缺陷

现象

由于模板使用隔离剂不当，产生混凝土上有锈斑等，造成色调不均，外观粗糙，甚至拆模时将混凝土沾掉，造成粘皮现象。低浇筑混凝土表面的外观质量，造成色泽不均，锈斑、污染及粘皮等缺陷。

原因分析

（1）脱模隔离剂选用不当，或涂抹方式不当。

（2）脱模隔离剂未完全干燥，就浇筑混凝土，使隔离剂被混凝土沾掉而失效。

（3）支模到浇筑混凝土的时间拖得过长，钢模隔离剂脱落，钢模表面锈蚀。

（4）新产品未经鉴定就使用，由于性能不稳定，产生不良后果。

防治措施

（1）根据模板材质（钢、木），模板暴露时间及混凝土表面平整光滑程度等因素，结合取材容易，经济适用，因地制宜的原则选用脱模隔离剂。隔离剂又称作脱模剂。目前，脱模剂分为水质脱模剂（优点是不污染钢筋和混凝土表面）和油脂脱模剂两大类。使用前，应取实物样品进行检验，合格后方可使用。

（2）脱模（隔离）剂必须完全干燥后，才能浇筑混凝土。

（3）根据脱模剂类型，采用适宜的喷涂方法，并保证涂抹均匀。

（4）采用后张预应力时，可根据施工条件选择下述方法，防止锈迹污染混凝土面。

1）在模内衬塑料板，可不用涂脱模剂，且得到较高外观质量的混凝土表面模板周转次数多时适用；但注意塑料板受热易变形。

2）在钢模内表面涂甲基硅树脂等长效能脱模剂。

（5）选用脱模剂，要考虑脱模剂不会对混凝土结构性能有影响或妨碍装饰工程施工。油类脱模剂对于暴露于环境空间的混凝土表面，不宜采用。严禁脱模剂污染钢筋及混凝土接槎处。

8.2　混凝土浇筑期模板问题

【问题131】跑模

现象

水泥混凝土拌和物的侧向压力使某部位的模板整体移位，造成结构物侧面整个倾斜，底面下垂或下挠（图8-1）。严重时，侧模、端模崩塌。轻者大大改变结构物尺寸、规格、形状，重者使浇筑失败。

图8-1　胀模

原因分析

（1）固定柱模板的柱箍不牢；或钉侧模、底模的元针规格小，被混凝土的侧压力或竖向力拔出，造成模板移位。

（2）为调整模板间距或高程，所加的抄手楔未固定好，振捣时松脱产生侧模、底模移位。

（3）固定梁侧模的带木未钉牢或带木断面尺寸过小，不足以抵抗混凝土侧压力，而使钉子被拔出。

（4）未采用对拉螺栓来承受混凝土对模板的侧压力，或因对拉螺栓直径太小，被混凝土侧压力拉断。

（5）斜撑、水平撑底脚支撑不牢，使支撑失效或移动。

防治措施

(1) 根据柱断面大小及高度，在柱模外面每隔 30～60cm 加设牢固柱箍，并以脚手架和木楔找正固定，必要时，可设对拉螺栓加固。

(2) 梁侧模下口必须有条带木，钉紧在横担木或支柱上；离梁底 30～40cm 处加 $\phi 16$ 对拉螺栓（用双根带木，螺栓放在两根横档带木之间，由垫板传递应力)，并根据梁的高度，适当加设横档带木。

(3) 对拉螺栓直径一般采用 $\phi 12$～$\phi 16$，墙身中间应用穿墙螺栓拉紧，以承担混凝土侧压力，确保不跑模，其间距根据侧压力大小为 60～150cm。

(4) 浇筑混凝土时，派专人随时检查模板支撑情况，并进行加固。

【问题 132】 胀模

现象

模板在水泥混凝土侧压力作用下，局部模板偏离平面，或局部模板变形鼓出，使结构物截面尺寸加大，导致结构物或构件的混凝土面平整度不好，竖直度超标。对于需进行架设的支承面或缝隙，会造成不平、相顶等质量缺陷。

原因分析

(1) 木模板厚度较小，在混凝土侧压力作用下发生挠曲变形。

(2) 定型组合钢模板接头处没有立柱或钢楞尺寸规格小，使模板在混凝土侧压力的作用下发生弯曲变形，或卡具未夹紧模板。

(3) 模板的水平撑或斜撑过稀，未被支撑处，模板向外凸出。

(4) 模板的拐角处与端头处，由于支撑薄弱而移位。

防治措施

(1) 木模板厚应大于 2.5cm，梁高在 20cm 以上时，采用 5cm 厚木模板，且每 0.5m 加立柱，直接承受混凝土侧压力的模板、杆件及带木等，其截面尺寸，应保证其所产生挠度，不超过跨度的 1/400，而具有足够强度。

(2) 基础侧模，可在模板外设立支撑固定，其他墩、台、梁、墙的侧模，可设对拉螺栓加固。

(3) 定型组合钢模，应按模板长方向错缝排列。当梁高在 30cm 以内时，按模板每块长的间距加支撑；当梁高在 30～40cm 时，用梁夹具代替纵、横楞条支模，梁夹具的间距为 105cm。当梁高在 60～120cm 时，竖楞条间距为 90cm；梁高 120～140cm 时，竖楞条间距为 75cm。墙竖向楞条间距为 75cm，横向楞条间距为 105cm。

(4) 采用钢管卡具组装模板时，发现钢管卡具滑扣，应立即换掉。

【问题133】漏浆

现象

浇筑水泥混凝土时，水泥浆从模板接缝处漏出（图8-2）。漏浆轻者，在混凝土表面产生麻面，使结构物边棱线不清晰；漏浆重者，会产生蜂窝、露筋等。

图8-2　阳角位置漏浆

原因分析

（1）定型组合钢模板拼缝因模板损伤而过宽。

（2）定型组合钢模板与木模板间由于连接不好而漏浆。

（3）模板接缝处松动或模板制作不良，支撑不牢，侧模与底模接缝处漏浆。

（4）柱模板、墙模板底口接缝处，梁、墩、台的端模和拐角处接缝处理不细，易漏浆。

防治措施

（1）同本章【问题125】“定型组合钢模板拼装质量问题”防治措施。

（2）木模板制作，拼缝应刨光拼严，可在缝内镶嵌塑料管（线），在拼缝处钉铁皮或拼缝内插板条，缝内压塑料薄膜或水泥纸袋等。

（3）对于拼缝过宽的定型组合钢模板之间，侧模与底模相接处，采斥夹垫层泡沫片，薄橡胶片，并用U型卡扣紧，防止接缝漏浆。

（4）柱、墙模板安装前，模板承垫底部应预先用1∶3的水泥砂浆，沿模板内边线抹成条带，如图8-3所示，并通过水准仪校正水平。

（5）当钢筋混凝土结构形状不规则时，可用钢模板和木模板进行组合拼装。

（6）端模及截面尺寸改变处，加设对拉螺栓拉紧，必要时加设立柱、拉杆以加固，防止胀模跑浆。

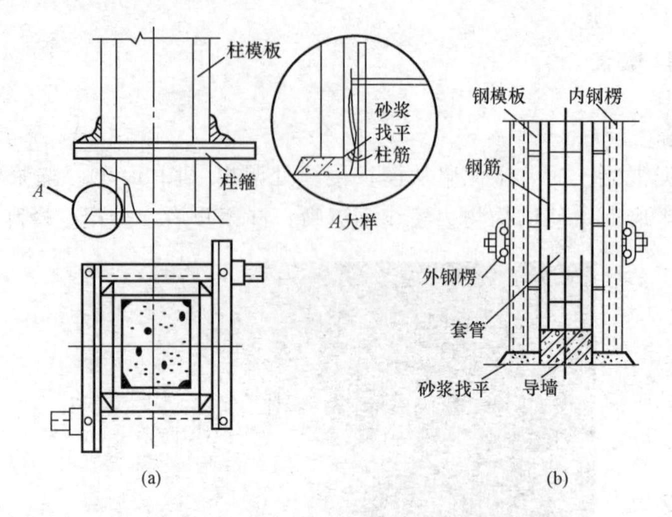

图8-3　柱、墙模板支承面砂浆找平做法图

(a) 柱模板砂浆支承面图；(b) 墙模板砂浆找平图

【问题134】预埋件、预留孔的移位或遗漏

现象

结构或构件的预埋件、预留孔位置与设计要求不符；或漏放预埋件，遗漏预留孔如预制梁支座埋铁错位、倾斜，防震锚栓孔遗漏等。将损害桥梁的使用功能；造成防震设施失效；给桥梁的一些安装带来麻烦，降低安全度。

原因分析

(1) 图纸审看不细，交底时漏交代，支模时漏放。

(2) 预埋件及预留孔替代物与模板或钢筋相连不牢，浇筑混凝土时移动，此问题在定型组合钢模板中最突出。

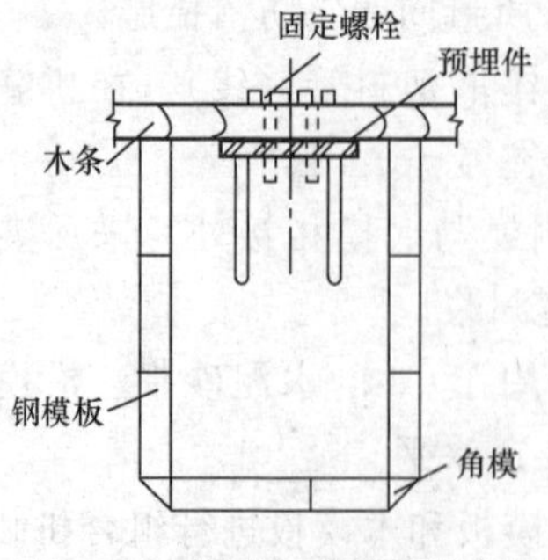

图8-4　螺栓固定预埋件图

防治措施

(1) 加强图纸的会审及技术交底的领导及检查。

(2) 可根据现场条件，和预埋件位置精度要求，采取螺栓固定，焊接固定或绑扎固定。图8-4所示用螺栓固定预埋件，对于精度要求高的情况是适用的。可事先在钢模板和预埋件上钻孔，然后用$\phi6\sim\phi8$螺栓，将预埋件固定在钢模板上，螺栓数量根据铁件大小而定，螺帽埋在混凝土内，螺杆可拧出重复使用。

(3) 预留孔洞的模板可根据孔洞大小及设置位置的不同，采用下述各种方式：

1) 圆孔孔模，在箱梁横隔板、顶板、墙两侧钢模板上钻孔，用木螺钉固定木块，将孔模套上固定，如图8-5所示。还可采用钢筋焊成的井字架卡住孔模，井字架与钢筋焊接固定。孔模可采用塑料管、钢管。

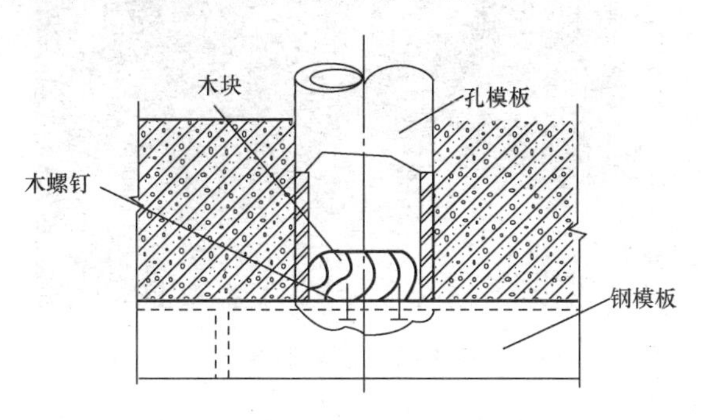

图8-5 木螺钉固定的圆孔孔模图

2) 方孔孔模：方孔可用薄铁皮，或刨光涂隔离剂的木模做成。较小方孔可在底模上钻孔，用木螺钉固定在木块上，孔模与定位木块间用木楔塞紧。箱梁顶板。横隔板人孔预留洞，可用钢模、木模，留孔处少铺些钢模板，留出空位，用斜撑将孔模支于孔边上，如图8-6所示。

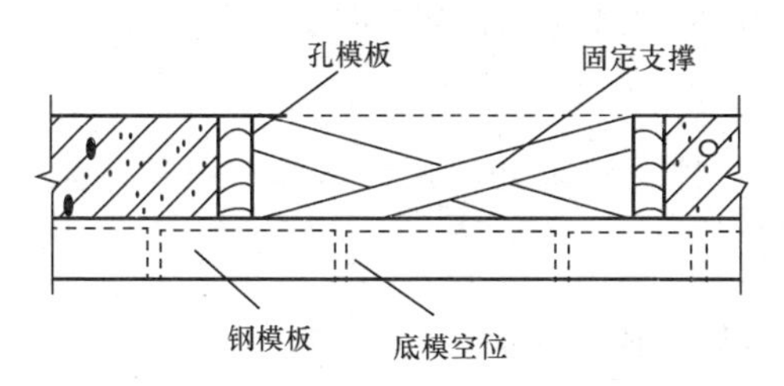

图8-6 支撑固定方孔孔模图

3) 预留插筋与模板的关系：当小于Φ16钢筋数量较多时，可先弯90°成¬形，将外露侧贴紧钢模，拆模后剥离出钢筋；小于Φ16钢筋且数量少，也不集中钢筋在一起时，可在钢模上钻孔伸出，并用牛皮纸塞紧。如大于Φ16钢筋，同时又过于集中，为避免损坏钢模，宜用木模代替，在木模上钻孔伸出钢筋。

【问题135】混凝土层隙或夹渣

现象

现浇混凝土或钢筋混凝土有条状缝隙，并存有木屑、锯末或泥灰称为层隙。混凝土底表面内有集中灰、泥、锯末成渣状，用硬物可清下，称为夹渣

（图8-7）。

图8-7　混凝土夹渣

混凝土层隙会削弱受力结构、构件、墙壁的受力截面积，大大降低结构的抗震能力。夹渣会削弱结构主筋的混凝土保护层，加速结构主筋的锈蚀，降低混凝土结构的耐久性。

原因分析

模板支好后，清理各种杂物不够，或者用水或压缩空气冲吹，积聚梁底低处，未留清渣口排出，使残渣留在混凝土中。

防治措施

在梁底模最低处，柱、墙脚处，预留清渣口，待用水或压缩空气清理完成后，再将清渣口封闭。

【问题136】胶囊内模的质量问题

现象

预制空心箱梁或空心板的孔道混凝土保护层过厚过薄，“开膛”、“破肚”，预留孔道左右偏位，造成露筋。胶囊内模质量问题，造成预制空心箱梁、空心板露筋或主筋混凝土握裹不足，形成废品。

原因分析

（1）胶囊内模跑气，造成胶囊气压不足，浇筑混凝土时胶囊过大变形，改变预留孔道形状。

（2）胶囊内模固定不好，浇筑时振捣方法失当，使胶囊上浮，造成顶面混凝土层层厚过小，产生露筋、裂缝甚至局部顶板洞开，形成“开膛”。

（3）胶囊内模未用有效措施保证与主筋（或预应力钢丝）的设计间距，而造成主筋外露或预应力筋无握裹的“破肚”。

防治措施

(1) 胶囊使用前要检查是否漏气，并从开始浇筑混凝土到胶囊放气时止，其充气压力应保持稳定。

(2) 钢筋绑扎的钢丝头要弯向钢筋内侧，以防扎破胶囊。

(3) 胶囊应用间距不大于50cm的定位钢筋框与外模连系予以固定其位置，并在浇筑混凝土时对称平衡地进行，防止胶囊上浮或受浇筑混凝土的偏心压力而位移。

(4) 胶囊与主筋间应垫有钢丝的砂浆垫块，防止胶囊浇筑中沉落，与主筋相贴。

8.3 拆模不当

【问题137】结构混凝土缺棱、掉角、裂纹

现象

模板拆除后，发现浇筑的水泥混凝土结构的边棱缺损或角部混凝土掉落，有时会发现混凝土面有裂纹出现。

混凝土结构要求棱线、边角清晰完好，缺棱、掉角会降低混凝土外观得分；野蛮拆卸模板，造成混凝土面裂纹，会降低结构耐久性。

原因分析

(1) 混凝土强度未达到可以拆除相应部位模板数值时，过早拆除，其棱角因拆模而损坏。

(2) 拆模方法失当：不是采用转角法使模板某一边脱开混凝土，然后逐步使模板全部脱离，而是猛烈地敲打和强拉、强扭，造成混凝土振出裂纹。

(3) 模板未涂隔离剂，或被冲掉，或涂得不匀，或模板清理不净，使模板与混凝土粘连。

防治措施

(1) 严格按规定期限和程序顺序拆卸模板或拱架、支架。如需提前拆模，必须经验算受力合格并经技术主管批准后，方可拆除。

(2) 拆除顺序采取先支的模板后拆，后支的先拆，自上而下，先拆不承重后拆承重的原则。定型组合钢模先拆钩头螺栓和内外钢楞，然后拆卸U形卡L形插销，再用钢钎轻轻撬动钢模板，或用木锤或用带胶皮垫的铁锤轻击钢模，把第一块钢模拆下，然后逐块拆除。

(3) 用撬棍时，为不伤混凝土棱角，可在撬棍下垫以角钢头或木垫块。

(4) 钢模板的表面一定要事前涂抹隔离剂，并保护其有效性。

(5) 大体积混凝土拆模注意防止产生温度裂缝，防止内外温差超过25℃(在冬季常有发生)。

(6) 对裂纹，要用刻度放大镜检查开裂宽度和深度。当宽度大于0.2mm时，要进行封闭。

【问题138】结构物、构筑物发生断裂、损坏

现象

结构物或构筑物由于拆模过早等原因，发生断裂；拱架、支架落架不当，使拱圈或其他承重结构损坏，甚至坍塌或倾倒。使现浇的水泥混凝土结构丧失使用功能（图8-8），造成重大质量事故。

图8-8 混凝土质量问题

原因分析

(1) 混凝土强度未达到可以拆除相应部位模板数值时，过早拆除损坏结构物或构筑物。

(2) 拱架或支架因拆除顺序不当，使结构产生设计中未验算过的过大作用力而断裂，甚至倒塌。

防治措施

(1) 严格按规定的拆卸顺序和程序进行拆模。

(2) 严格按规定期限和程序顺序，拆卸模板或拱架、支架。如需提前拆模，必须经验算受力合格并经技术主管批准后，方可拆除。

(3) 拆除顺序：采取先支的模板后拆，后支的先拆，自上而下，先拆不承重后拆承重的原则。

第9章　桥梁钢筋混凝土工程

9.1　桥梁钢筋工程

【注：更多桥梁工程钢筋质量常见问题及防治，可参见建筑工程相应内容。】

【问题139】钢筋品种、型号、规格、数量不符设计要求

现象

绑扎好的钢筋骨架中，出现钢筋品种、型号、规格与设计要求不符。此问题在箱梁、箱涵等钢筋复杂的工程中最易出现，这样会造成构件承载力不足，发生应力裂缝，甚至构件断裂、倒塌。

原因分析

主要产生的原因是施工图纸中不清楚或有错误产生（变更后、图纸相应标注未改造成）；看错图纸中的断面布置或钢筋配料单出错或料牌挂错；钢筋安装步骤不明确，钢筋施工管理不当。

防治措施

（1）发现问题后，按设计要求拆除错误钢筋，重新制作绑扎（图9-1）。

图9-1　桥梁钢筋

（2）做好施工图的会审和学习，弄清及改正图中存在的问题。

（3）做好钢筋配料单的审核和技术交底工作的领导，完善钢筋加工场的技术管理办法，杜绝错筋事故。做好钢筋绑扎的“三检”。

（4）做好钢筋工程的隐蔽验收工作和混凝土浇筑前的检查工作，把好混凝土浇筑前的最后一关。

（5）对于形状复杂的钢筋，要事先放好实样，再根据具体条件选择合适的操作参数进行弯配。

【问题 140】钢筋骨架吊装变形

现象

钢筋骨架用吊车吊装入模时发生扭曲、弯折、歪斜等变形，无法保证受力主筋正确承载。

原因分析

骨架本身刚度不够；起吊后悠荡或碰撞；骨架钢筋交点绑扎欠牢。

防治措施

（1）变形骨架应在模板内或附近修整好，严重的应拆散，矫正后重新组装绑扎。

（2）起吊操作力求平稳，钢筋骨架起吊挂钩点要预先根据骨架外形确定好。

（3）刚度较差的骨架可绑木杆加固，或利用“扁担”起吊。

（4）骨架各钢筋交点都要绑扎牢固，必要时用电焊适当点焊。

【问题 141】露筋

现象

结构或构件拆模时，发现混凝土表面有钢筋露出，使受力筋没有了保护层，危及混凝土结构安全。

原因分析

主要原因是保护层砂浆垫块垫得太稀或脱落；由于钢筋成型尺寸不准确，或钢筋骨架绑扎不当，造成骨架外形尺寸偏大，局部抵触模板。振捣混凝土时，振捣器撞击钢筋，使钢筋移位或引起绑扣松散。

防治措施

（1）范围不大的轻微露筋可用水泥砂浆堵抹。为保证修复砂浆与原混凝土可靠结合，原混凝土用水冲洗、铁刷刷净。表面湿润，水泥砂浆中掺 108 胶加以修补；重要部位露筋经技术鉴定后，采取专门补强方案处理。

（2）砂浆垫块应垫得适量、可靠，竖直筋可采用埋有钢丝的垫块，绑在钢筋骨架外侧；同时，为使保护层厚度准确，应用钢丝将钢筋骨架拉向模板，将垫块挤牢。

（3）严格检查钢筋的成型尺寸：模外绑扎钢筋骨架时，要控制好它的外形尺寸，不得超过允许偏差。

【问题142】主筋、分布筋间距不符合设计要求，绑扎不顺直

现象

主筋分布筋因间距掌握不好，有大有小，且纵横不成直线（图9-2）。使结构混凝土因受力钢筋不直，分布不均而不能有效抵抗主拉应力，因而发生裂缝（图9-3）。

图9-2 箍筋间距不匀

图9-3 抽芯混凝土有离析

原因分析

主要是由于操作不认真，绑扎前钢筋不顺直所造成。

防治措施

（1）将不顺直的钢筋用两个扳子矫直，并将超出间距允差的主筋及分布筋调整间距，重新将节点进行绑扎。

（2）在底模板上弹线，按线摆放主筋，并按间距在两侧及中间几根主筋画线，按线将分布筋吊直，然后逐节点绑扎。

9.2 桥梁现浇混凝土工程

【注：更多桥梁工程混凝土质量常见问题及防治，可参见建筑工程相应内容。】

【问题143】浇筑顺序失误

现象

桥梁混凝土浇筑不按施工方案规定的顺序进行，造成模板变形，拱架或支架浇筑分层过厚或分层倾斜，影响振捣效果等。

浇筑顺序失误，轻者影响混凝土的捣固效果，重者造成模板、支架、拱架超出设计或方案预计的变形或位移，使混凝土构件或结构开裂，甚至发生断裂、倒塌。

原因分析

（1）施工方案中对浇筑顺序没有规定，操作者又不懂，任意浇筑。

（2）虽在施工方案中对浇筑顺序做了明确规定，但由于没有认真执行方案交底及浇筑工序技术交底，操作者不了解方案要求。

（3）虽做了规定，也做了浇筑工序的技术交底，但浇筑措施不当，分工不明确，岗位责任制不严格。浇筑工作组织混乱，直接领导者指挥失灵。

防治措施

（1）对于现浇梁、拱，施工方案中必须有包括浇筑顺序、浇筑中应注意问题、浇筑操作的人员组织等内容的专项浇筑方案；并应在施工方案交底和工序技术交底中强调浇筑顺序及注意事项。

（2）浇筑中，指定专人检查贯彻技术措施的落实，并应有明确的分工及岗位质量责任制，浇筑中指挥应严格、有效。

（3）要针对不同浇筑对象，制订科学的浇筑顺序方案。要严格按预定浇筑顺序进行施工。

1）预制梁的浇筑顺序。预制梁一般从模板一端开始浇筑混凝土，按图9-4的顺序依次分层浇筑。对于T形梁，当梁高超过2.5m时，如果下翼缘、腹板与上翼缘同时浇筑混凝土，则应注意在上翼缘与腹板的接触处易产生水平裂缝，因此，浇筑腹板和上翼缘混凝土最好间隔一定时间。箱形截面梁通常最先浇筑底板混凝土，接着顺次浇筑腹板、顶板混凝土，这是因为腹板浇筑的混凝土不能很好地流到底板中或不易充分振捣，极易产生质量缺陷。

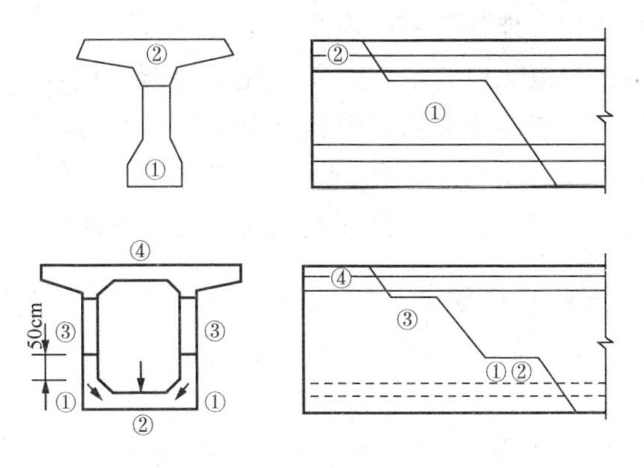

图 9 - 4　预制梁混凝土浇筑顺序

2）支架上浇筑混凝土的顺序。支架下沉会引起已浇筑混凝土的开裂等不良影响。所以，确定浇筑顺序时要注意：

①避免采用使支架产生横向荷载，或模板的一部分受力集中，而另一部分翘起的浇筑方法。

②在支架下沉量最大的地方先灌注混凝土，使应该产生的下沉及早发生。

③模板一端支撑在桥墩上，很坚固，另一端却支撑在较弱支架的部位，因浇完的混凝土重量引起的下沉，只对浇筑完的混凝土内部造成不良影响。像这种下沉量较大的地方，宜最先浇筑混凝土。在支架上浇筑混凝土的顺序如图 9 - 5 所示。

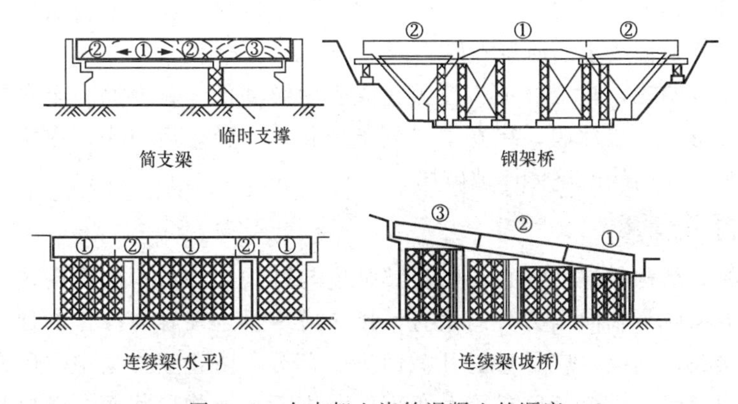

图 9 - 5　在支架上浇筑混凝土的顺序

3）特殊情况的浇筑顺序：

①在倾斜面上浇筑混凝土时，认为浇筑应从较高地方开始向低处浇筑是不正确的。因混凝土向低处流动，钢筋骨架或预埋件等阻碍流动，材料易发生离析，造成混凝土不均质。正确作法应是从较低处向较高处浇筑，由于后浇筑混凝土的自重和振捣作用，能使先浇筑混凝土密实。

②从小车中倾卸混凝土时，最好对着浇完的混凝土面，一边浇筑一边后退。若采用相反方法倾卸，混凝土离析，使其质量变得不均匀，是必须避免的。

③浇筑箱形截面梁，为防止浇筑混凝土引起模板变形，要注意截面上各处灌注的混凝土高度要均匀，避免在横断面上一头高一头低或成倾斜状。

【问题 144】 施工缝处理失误

现象

(1) 施工缝的位置选择失当。

(2) 施工缝两侧新旧混凝土的衔接处治方法失误。

(3) 预制构件间湿接头浇筑方法失当。

(4) 冬期施工时，施工缝处理失误。

由于施工缝处理失误，混凝土的连续性、整体性被破坏，成为结构或构件开裂或裂断的薄弱环节。

原因分析

(1) 桥梁结构的混凝土水平、垂直施工缝是其薄弱截面，由于盲目相信新、旧混凝土可以良好结合，因此随意设置浇筑接头。

(2) 不认真执行有关施工技术规程，或混凝土在接缝处发生离析，或旧混凝土表面处理不好。

(3) 预制构件间湿接头，相互间位置保持不准确，接合面没有凿毛，模板安装不良，浇筑混凝土的质量不好。

(4) 冬期施工，施工缝被雪覆盖，或表面温度低，新浇混凝土在施工缝处急剧降温，形成一层冰膜，待春季混凝土硬化，冰融化后流失，在两次混凝土间形成空隙，使结构的整体性被破坏。

防治措施

(1) 桥梁结构的施工缝必须以对其强度与外观损害最少的原则选择接缝位置，接头方向应与轴向压力方向垂直。接头应尽量选在容易操作的地方：在垂直方向设接头，其位置应尽量避开截面突变部分，防止应力集中，形成薄弱截面；预应力混凝土桥应避免在较大弯矩处及由于构造物形状而可能要受到干燥收缩引起的二次应力作用的截面。

(2) 水平施工缝处为减小旧混凝土的浮浆皮与软弱砂浆层，要严格控制混凝土配合比和灌注速度，保证其质量为内坚，外少浮浆，避免接缝部位发生混凝土离析；接缝表面应没有松动骨料颗粒，硬化后尽早用钢丝刷将表面打毛，并在充分湿润状态下养护，浇筑新混凝土前，应做好以下工作：

1）为消除模板因膨胀与收缩原因产生的变形，重新坚固模板。

2）用压缩空气或射水清除旧混凝土表面杂物及模板上粘着的灰浆。

3）使旧混凝土表面充分吸水浸湿，但无多余水分。

4）先灌注几厘米厚的水泥砂浆。

浇筑新混凝土时，要充分振捣施工缝两侧，使相结合范围混凝土密实。为减小新旧混凝土温差，采取将接缝新混凝土降温或旧混凝土升温的方法。当这一方法有困难时，可在接缝处增设较多箍筋去承受温差应力的设计措施。设垂直接缝时，应补插钢筋，直径为12～16mm，长度为500～600mm，间距为50mm，并必须使用模板，待混凝土硬化后尽可能立即拆除，并将接头面凿毛，其他浇筑混凝土及养护注意问题同水平施工缝：新浇混凝土必须在旧混凝土强度达2.5MPa时才能进行，以防旧混凝土产生振裂及其他缺陷。

（3）对预制拼装桥梁上部结构的湿接头，注意受力钢筋的位置应一致（不论桥面板还是横梁的钢筋），块件相互间位置要准确，接合面要凿毛，接合面混凝土吸足水分，然后浇筑接头混凝土。湿接头部分不易过宽，否则易因新旧混凝土的干燥收缩差而形成裂缝，所以应增设多些构筑钢筋，并在混凝土浇筑后充分湿润养护。冬期施工时，为防止在施工缝处出现明显的水纹，需将旧混凝土加热，加热深度不得少于30cm，加热温度不得高于45℃。并且，在新浇混凝土未达要求强度前，不得受冻；如遇大雪，应将旧混凝土表面积雪清扫干净并加温，避免在新旧混凝土间形成冰膜。

【问题145】混凝土内部空洞、蜂窝

现象

混凝土结构或构件内部，出现大小不等空腔。在钢筋密集、预埋件及预留孔洞处，有大小不等的地方，只有骨料，无水泥砂浆成蜂窝状；或在预应力混凝土的锚固区，预埋导管较多处，存在混凝土不密实情况。

由于内部空洞及蜂窝易被忽视，因此危害极大。不少断裂、倒坍的结构物，都因存在内部空洞或蜂窝，没有得到正确处理，最后钢筋锈蚀，或截面承载面积不足而发生事故。

原因分析

（1）混凝土搅拌不均，或浇筑中产生离析，砂浆分离，石子成堆。

（2）漏振或振捣间距过大，往往在表面蜂窝处，其内部漏振，形成孔洞。

（3）浇筑一次下料过多或分条、分层不清，振捣力达不到处形成大孔洞蜂窝；或在高温、大风条件下施工早期硬结，形成蜂窝。

（4）由于特殊情况（如停电、交通堵车、设备坏），造成浇筑停歇时间超过1h，又未按留施工缝处理的部位，易产生蜂窝、空洞。

（5）在钢筋密集处或预留孔洞和埋件处，混凝土浇筑流动不畅通，不能充满（如立墙根部、箱梁边角、封锚区），形成孔洞。

防治措施

（1）严格控制搅拌投料顺序和最小搅拌时间，保证混凝土拌和物均匀；控制好下料数量和方法，使混凝土浇筑中不产生离析。

（2）采用正确的振捣方法，严防漏振。

1）振入式振捣器应采用垂直振捣方法，即振捣棒与混凝土表面垂直或成40°～45°角的斜向振捣。

2）插入式振捣棒振捣时，其插点应排列均匀，可采用行列方格式或顺序移动，不应混用，以免漏振，每次移动距离不应大于振捣棒作用半径的1.5倍，振捣棒操作应快插慢拔，上下抽动5～10cm。

（3）完善混凝土浇筑出现特殊情况的应对措施和相应备用设施，保证混凝土连续浇筑，按最坏情况做准备，组织好人力、物力。

（4）预留孔洞处应在两侧同时下料，为防下部浇筑不满，振捣不实，可采取在侧面临时开口浇筑振密后再封死模板，继续往上浇筑；在钢筋密集、预埋件、封锚区等不易浇筑处，可采用豆石混凝土浇筑，并用人工插捣配合；如遇管道时，应先浇到管道下20cm处，再用振捣棒在管道两侧斜向插入，使管下及管间充满。

（5）发现内部空洞、蜂窝，经有关单位共同研究，制定方案补强或炸掉重建。

【问题146】梁板混凝土空洞

现象

梁板混凝土出现空洞。

原因分析

（1）钢筋较密处混凝土振捣工艺不合理，振捣不密实或漏振。

（2）配合比设计不合理。

防治措施

（1）调整混凝土配合比，如减小骨料粒径、增加混凝土坍落度、掺入减水剂。

（2）改进浇筑工艺，分层振捣密实，并试用多种方案择优选用。

（3）采用小直径的振捣棒加强振捣，改进振捣工艺。

【问题 147】“碱—骨料反应”引起膨胀开裂

现象

在混凝土硬化过程中，最先是在混凝土表面个别点上出现凝胶体，该凝胶体开始是透明分泌物，然后在干燥时转变为白色的陶瓷体。这些凝胶体会从其周围吸取水分，使其体积膨胀为原来的数倍。当位于混凝土内部的凝胶体吸水膨胀时，引起混凝土的开裂，这种开裂出现的时间约为混凝土硬化后的 30～72 个月。当这种膨胀开裂发展至表面时，会在混凝土表面出现由一个中心点向外辐射的短裂缝，随时间的推移，裂缝发展为地图状，伴有明显的透明液体渗出，混凝土表面泛白面积扩大，混凝土将丧失强度和硬度。

“碱—骨料反应”是发生于混凝土结构内部的膨胀、开裂，且当工程竣工后 5～10 年后才被发现。因此，其潜在危害极大。由于是发生在混凝土内骨料中的吸水、反应、膨胀，会从混凝土内部开花裂缝，混凝土结构一旦发生“碱—骨料反应”，只能报废。

原因分析

水泥混凝土中的碱溶液与混凝土骨料中含活性组分（如 SiO_2）骨料发生化学反应，引起混凝土的膨胀、开裂。目前，发现有碱—硅酸反应（简称为 ASR）和碱—碳酸反应（简称为 ACR）两大类型。这两大类型反应生成物，均吸收周围介质中的水分而体积膨胀，造成混凝土开裂。虽然碱—骨料反应是十分复杂的反应、影响反应的因素很多，但调查研究成果表明，发生碱—骨料反应有以下三个必要条件：

（1）混凝土中的骨料具有碱活性。

（2）混凝土中具有一定量的可溶性的碱。混凝土中碱含量是以等当量 Na_2O 表示，等于 $Na_2O+0.658K_2O$ 的含量，以百分数表示。混凝土中的碱主要来源于水泥，其次是外加剂。

（3）具有一定相对湿度的环境。

防治措施

（1）对混凝土使用的骨料，进行碱活性检测。

（2）当不可避免使用碱活性骨料时，限制混凝土中的碱含量。如使用碱含量不大于 0.6%的低碱水泥；控制混凝土中外加剂产生的碱增量，不超过每立方米混凝土 1kg 的标准。

（3）尽量采用混合水泥或在硅酸盐水泥中掺入混合材。水泥中掺入硅灰、沸石粉、火山灰、矿渣等混合材，可以降低碱—骨料反应的破坏程度。这是因为混合材中都含有 SiO_2，可在混凝土硬化前，消化掉水泥中的碱，从而可抑制碱—骨料反应的发生。

(4) 加强施工管理，严格控制工程的质量。如确保混凝土的密实；减少混凝土的裂缝，特别是温度裂缝、施工因素裂缝等。

(5) 要重视结构的防水和排水功能的完善，为混凝土提供相对湿度较低的工作环境。

【问题 148】 桥梁保护层保护性能不良

现象

桥梁结构保护层混凝土遭受破坏，或其保护层过薄时，钢筋将发生锈蚀而引起混凝土开裂。

原因分析

(1) 桥梁结构或构筑物施工中形成外观缺陷，没处理或处理不善。

(2) 混凝土内掺入过量氯盐类外掺剂，造成钢筋锈蚀，致使混凝土沿着钢筋位置产生裂缝。

防治措施

(1) 及时修补混凝土外观缺陷，并保证修补质量合格。

(2) 冬期施工时，含钢筋的混凝土中，不得掺用氧盐类及氯离子含量较大的外掺剂。

(3) 混凝土裂缝可用环氧树脂灌缝。

(4) 对已经锈蚀的钢筋，必须彻底清除铁锈，凿除与钢筋结合不良的混凝土，用清水冲洗干净并充分湿润后，再用比设计高一强度等级的豆石混凝土填实，认真养护。

(5) 大面积钢筋锈蚀引起混凝土裂缝，必须会同设计部门共同研究制定处理方案，经审批后处理。

【问题 149】 桥梁混凝土结构温度裂缝

现象

(1) 表面温度裂缝走向无一定规律性：梁、板及长度尺寸较大结构，裂缝多平行于短边；大面积结构裂缝常纵横交错。

(2) 温度深层裂缝和贯穿裂缝，一般与短边方向平行或接近平行，裂缝沿全长分段出现，中间较密；表面、深层、贯穿温度裂缝的宽度大小不一，一般在 0.5mm 以下，裂缝宽度沿全长没多大变化，但受温度变化影响显著，冬季较宽，夏季较细。

（3）多发生在施工期间，沿断面高度，裂缝大多呈上宽下窄状，个别有下宽上窄情况，如遇上下边缘配筋较多结构，也出现中间宽两端窄的形状。

表面温度裂缝，因只在表层出现，所以仅影响混凝土的外观质量。严重时，产生表层剥落；深层和贯穿温度裂缝，由于深度大，或成贯穿状，将破坏结构的整体性，加速钢筋锈蚀，降低混凝土的抗冻性及耐久性。

原因分析

（1）表面温度裂缝，多由于温差较大引起。如大体积混凝土，因硬化中水泥放出大量水化热，造成其内外温差大；温度产生非均匀降温差时，如冬期施工中，过早除掉保温层，或受寒潮袭击，都导致混凝土表面急剧降温收缩，表面受内部混凝土的约束，将产生很大应力，使混凝土因早期强度低而产生裂缝。由于这种温差仅在表面处较大，离开表面就很快减弱，因此裂缝只在表层出现，表层以下结构仍完整。

（2）深层和贯穿温度裂缝，多由于结构降温差值较大，受外界的约束而引起。如现浇桥台混凝土，挡墙混凝土或大体积刚性扩大基础，浇筑在坚硬地基或承台上，未采取隔离等放松约束措施或收缩缝间距过大时，如果混凝土浇筑时温度很高，加上水泥水化热的温升很大，使温度更高，当混凝土冷却收缩，全部或部分地受到地基或其他外部结构的约束，将会在混凝土内部出现很大拉应力，产生降温收缩裂缝。这类裂缝常在浇筑后 2～3 个月或更长时间出现，裂缝较深，有时成贯穿状。

（3）预制构件采用蒸汽养护时，由于温度降温制度控制不好，降温过快或构件急于出池，急速揭盖，均使混凝土表面剧烈降温，而受到胎模约束，导致构件表面出现裂缝。

防治措施

预防温度裂缝，可从控制温度，改进设计和施工操作工艺，改善混凝土性能，减少约束条件等方面入手。一般措施为：

（1）降低混凝土的浇筑温度。如采用降低骨料的温度，或加冰水，或浇筑安排在夜间最低温度时，或采取有效措施减小混凝土的温度回升，或用液态氮降低混凝土的温度等。

（2）降低水泥的水化热的温升。对于大体积桥梁墩台基础的混凝土，为降低水化热可采用以下措施：

1）可在混凝土中埋放石块，要求石块分布均匀，净距不小于 100mm，距结构侧面和顶面的净距不小于 150mm，石块不得接触钢筋和预埋件。清洗干净的石块应在捣实的混凝土中埋入一半左右，埋放石块的数量不宜超过混凝土结构体积的25%（受拉区混凝土或气温低于0℃时，不得埋放石块）。

2）当大体积混凝土结构的平截面过大，不能在前层混凝土初凝或能重塑前浇筑完成次层混凝土时，可分块进行浇筑：分块宜合理布置，每块高度不宜超过2m，各分块平均面积不宜小于50m²，块与块间的竖向接缝面应与基础平截面短边平行，与平截面长边垂直。上下邻层混凝土间的竖向接缝，应错开位置做成企口，并按施工缝处理。

3）选用低水化热的水泥，或掺入优质粉煤灰等混合料及采取改善骨料级配、降低水灰比等方法减少水泥用量。

（3）加快浇筑后混凝土的散热，如使用钢模板（结构较薄时）或分层浇筑混凝土，每层厚度不大于30cm，以便于散热并使温度分布均匀；或在大体积混凝土中，预埋或利用一些管、孔道（如钢索的套管），通过冷水或冷风来降温。

（4）降低欲浇筑混凝土结构或构筑物的外部约束。如减小浇筑体长度或厚度，分块厚为1.5～2m，以减少约束作用，平面方向，每块截面积不小于50m²，块与块间竖向接缝面，应与截面积短边平行，垂直其长边，跳块浇筑，上下邻层混凝土间竖向接缝，应错开位置做成企口，并按施工缝处理，以减少温度收缩应力；或减小约束体体积；或改善交界面状况，如顶进箱涵，底板与垫层间涂石蜡层，大体积桥台混凝土与垫层间浇沥青胶，并铺5mm厚砂等做法，来改善交界面的状况。两层混凝土浇筑间隔时间不得长于15d。

（5）加强浇筑混凝土的表面保护。如浇筑后，表面应及时用草帘、草袋、砂、锯末等覆盖，并洒水或蓄水养护，夏天适当延长这一状态养护；寒冷季节，采取保温措施保护混凝土表面，薄壁结构要适当延长其拆模时间，使之缓慢降温。拆模时，混凝土中心与表面温差不宜大于20℃，以防急速降温。

（6）改善混凝土的性能。如尽量选用低热或中热水泥（如矿渣水泥、粉煤灰水泥），或选用合适骨料（如石灰岩骨料）及级配良好，以便降低水化热。

（7）蒸汽养护构件时，严格控制升温速度不大于10～15℃/h，降温不大于15℃/h，并应适当冷养后吊运构件出池，以避免过大温度应力。

（8）对于一般结构的缝宽小于0.1mm裂缝，因可自行愈合，只采取封闭措施，即一般采用涂两遍环氧胶泥、贴环氧玻璃布及喷水泥砂浆等进行裂缝表面封闭。

（9）对于有防水要求的结构，缝宽大于0.1mm的深层及贯穿性裂缝，可根据裂缝的可灌程度采取灌浆方法进行裂缝修补。裂缝修补方法将在下面专题讨论。

【问题 150】施工因素导致桥梁产生裂缝

现象

（1）U 形桥台，翼墙与前墙连接处开裂，裂缝由上向下延伸；耳墙式桥台，在耳墙与雉墙连接处出现竖向裂缝，裂缝由下向上延伸（图 9-6）。

图 9-6　裂缝

（2）桥墩墩身水平裂缝桥墩的钢筋混凝土墩身，尤其是高墩（约 10～20m 以上的墩），在桥墩墩身两侧面出现水平状的裂纹，有时水平裂纹可发展至四周贯通。当桥上活载通过时，可见裂缝有开、合现象。桥台、桥墩裂缝，破坏其整体性，危及桥跨结构的稳定与安全。

（3）由于支架、拱架、模板发生不均匀沉陷，在现浇混凝土上产生的裂缝，多属于深层或贯穿的裂缝，裂缝延伸方向与沉陷情况有关。

（4）连续梁混凝土浇筑顺序不当产生的裂缝。如三跨连续梁，在 3d 内顺序从中跨、左边跨、右边跨进行混凝土浇筑，在最先浇筑的中跨产生垂直主筋的横向裂缝。

（5）使用木模浇筑的钢筋混凝土构件，预制构件脱模出现纵向、斜向裂缝。

（6）构件在堆放、运输中产生的裂缝。

原因分析

（1）耳墙式桥台裂缝，是因为在混凝土初凝期内，模板支撑发生下沉或晃动；或冬期施工中，耳墙间填筑非渗水性土，受冻发生冻胀，产生耳墙与雉墙连接处竖裂；U 形桥台，多因桥台翼墙间填土不实、含水量大、台后排水不良等原因，造成填土土侧压力加大或受冻膨胀，推挤翼墙，产生裂缝。

（2）桥墩，尤其高墩，由于浇筑混凝土时施工缝处理不好，该处混凝土抗拉强度低于设计要求，桥墩在活载作用下，边缘产生超过设计的拉应力，造成水平裂缝。

(3) 混凝土初凝后模板变形，支撑下沉或晃动，就会在还未具有强度的混凝土中发生裂缝，造成构造缺陷。

(4) 连续梁混凝土，由于模板和支架因施工过程中重量分布的变化发生挠度变化，造成最先浇筑的混凝土发生裂缝，形成构造缺陷。

(5) 预制构件模板隔离剂失效，混凝土与模板粘连。起吊模板时构件受力不均或受扭，出现纵向斜向裂缝。

(6) 构件堆放、运输时，支撑垫木不在一条竖直线上；或运输时构件悬挑过长；或吊点位置不对；或构件侧向刚度较差，吊装时未采取临时加固措施，造成混凝土开裂。

防治措施

(1) 要做好模板、支架、拱架各支撑处基础和地基的处理，确保其不发生沉降、移位等变形。

(2) 耳墙式桥台、U 形桥台，要控制其填土的土质、含水量及密实度，做好桥台的防水及排水设施，防止填土过湿及受冻。

(3) 桥墩混凝土浇筑中，要按要求及技术规程，对不可避免的施工缝，要清除待继续浇筑混凝土面的浮浆，用水冲洗后铺水泥浆在待浇面上，然后继续浇筑混凝土。在可能情况下，桥墩应一次浇完，不留施工缝。

(4) 现浇混凝土支设模板要考虑避免混凝土偏压，必须保证模板要充分牢固。支架要处理好基础、支架压缩变形和挠度，支架接头和接触面压紧等因素，防止发生下沉、变形，要设置千斤顶和揣手楔来调整。

(5) 预先设计好浇筑顺序和分区，浇筑时严格按顺序进行，并在混凝土中掺入缓凝剂，调整硬化开始时间。为防止发生裂缝，可最先浇筑会产生最大挠度位置的混凝土，最后浇筑容易发生裂缝的中间支点处的混凝土。

(6) 预制构件模板应涂隔离剂并保持浇筑前有效；构件起模前先用千斤均匀松动，然后再平稳脱模。

(7) 构件堆放，按其受力特点设垫块，重叠堆放，垫块应在一条竖直线上，板、柱等正反相同的构件应做好标志，避免放反损坏；运输中，应在构件间设垫板、柱等正反相同的构件时应做好标志，避免放反损坏；运输中，应在构件间设垫木并互相绑牢，防止晃、撞、颤。

(8) 吊装时，按规定设吊点，对侧向刚度差的构件（如预制预应力空心箱梁），要有横向加固设施并设牵引绳，防止吊装中晃、撞。

(9) 对结构承载力影响小的纵向裂缝，一般可用水泥砂浆或环氧胶泥进行修补。裂缝较宽时，应先沿缝凿成八字形凹槽，然后用水泥砂浆或环氧胶泥嵌补；裂缝较深时，可根据受力情况，采用灌化学浆液、包钢丝网水泥等法处理。

（10）由运输、堆放、吊装等原因引起较细的表面横裂缝，可先将裂缝处清洗干净，待干燥后用环氧胶泥涂刷或粘环氧玻璃布封闭；构件边角纵向裂缝处松散混凝土应剔除，然后用水泥砂浆或豆石混凝土修补。

（11）裂缝贯穿整个截面的构件报废处理，不得使用。

【问题 151】桥梁墩、台常见的裂缝

现象

（1）墩身网状裂纹：在桥墩常水位以上的向阳部分，出现交织或水平和竖直的网状裂纹，在背阴部分裂纹较少。

（2）桥墩由支承垫石的上边延伸到下边的纵向贯通的裂缝：裂缝在墩身的上、下游两侧面对称产生，裂缝上宽下窄，其裂缝长度常随荷载的变化而发展，有时能把桥墩分裂为两部分。

（3）支承不等跨两梁的桥墩墩顶裂缝：墩墙顶帽上楼角部分裂缝是此类桥墩通常出现的裂缝。墩帽易因此损坏。

（4）圆端形桥墩的墩帽支承垫石周围的裂缝：裂缝在支承垫石周围的墩帽混凝土面呈放射状。

（5）桥墩墩身的竖直裂缝。

1）一般多发生在大型混凝土桥墩上，墩身裂缝未延伸到墩帽及基础。不论是实心墩还是空心墩均有发生，有时，空心桥墩的墩壁内外裂缝贯通。

2）在相对湿度小，日气温差大的地区的混凝土墩身常常容易发生。

（6）圆形桥墩支座下裂缝：裂缝从支承垫石边发展到墩帽边缘，然后折返向下发展，在墩身颈缩处合二为一，并向下延伸。

（7）圆端形桥墩墩帽中间裂缝：裂缝在墩帽平面上，顺桥梁中心轴线产生、发展、贯通整个墩帽，并由边缘自上而下的垂直延伸，多发生在跨度大、支承反力大的桥墩帽上。

（8）桥台由支承垫石开始，从上而下的裂缝：裂缝发生后，会产生裂缝宽度的急剧变化，常见有明显的开合现象。裂缝多发生于非整体性桥台台帽，或者是跨度较大的石砌桥台上。

原因分析

（1）裂纹是混凝土体内与体外的温度差（该温度差是受日气温变化及阳光照射所影响）引起的温度应力所产生的。

（2）由于相邻两孔的固定支座安在同一桥墩上或活动支座不灵活，在支座下产生很大摩阻力，在活载作用下支座支承垫石发生拉应力，而被拉裂。

(3) 裂缝是由于小跨梁的支座底板至墩墙顶的边缘距离太小，墩帽混凝土在局部应力的作用下，沿刚性角的斜线发生开裂，以致引起混凝土脱落。

(4) 裂缝是由于支座局部压力在墩帽混凝土表面产生拉应力引起；或因为日照影响混凝土体内、外温度差产生的温度应力或由于混凝土干缩、施工质量不良等因素所产生的裂缝。

(5) 裂缝是由于混凝土浇筑时，混凝土内部的水化热过高，而混凝土表面温度低，混凝土墩身内外温差大，产生较大温度应力，引起混凝土开裂。

(6) 由于桥墩混凝土浇筑后养护不良，引起混凝土的收缩，或由于桥墩混凝土强度未达到要求值而过早架设预制梁，或因架设时架桥机偏心等所引起的裂缝。

(7) 主要是由支座传递来的局部压力，引起该处混凝土表面产生过大拉应力造成的裂缝。

(8) 支座不合标准，在支承垫石底发生拉应力。裂缝的宽度急剧变化是由于桥上活载冲击作用的变化而引起的。

【问题 152】 混凝土外观质量差

现象

高墩混凝土外观质量缺陷。

原因分析

(1) 组合模板加工不合格，连接后出现折面、扭面现象。

(2) 模板竖向高度小，分节过多，接缝明显，形成一道道“腰带”，平整度差。

(3) 墩身模板竖向分节不均匀，未按墩台高度合理配置模板。

(4) 脚手架搭设不牢且与墩柱模板有接触，作业时致使墩柱模板变形。

(5) 混凝土品质不良，用料不统一，形成色差；浇筑时分层厚度过大，振捣不够。

(6) 模板对拉钢筋处理方法不仔细，外观质量差。

防治措施

(1) 提高墩柱整体钢模板加工精度，确保钢模有足够的刚度、平整度，连接处合缝紧密。方墩设置倒角。

(2) 精确放样，严格复测。除墩位坐标精确外，还要用仪器检查校准高墩模板的偏心，并在施工过程中随时观测。

(3) 控制好模板安装质量，沿墩高方向均匀配置模板。

(4) 专门预留混凝土接缝模板，模板安装前要清理缝隙。

（5）优化混凝土配合比尤其严格控制坍落度并进行试配置，同墩混凝土应适用同批材料，保证颜色一致。

（6）掺入适量高效减水剂，改善混凝土性能，提高混凝土外观质量。

（7）注意控制分层振捣厚度、顺序和时间。

（8）加强养护，推荐采用塑料膜覆盖养护。

（9）拉筋尽量使用套管，抽出拉筋后用物理方法切除套管；无套管对拉筋应凿除一定深度的混凝土后切除钢筋，认真仔细修补。

第10章 桥梁预应力混凝土工程

10.1 先张法预应力混凝土梁、板施工

【问题153】预应力钢丝发生断丝

现象

张拉高强度钢丝或预应力粗钢筋时，产生预应力钢丝或粗钢筋裂断，造成预加应力总值的降低，对构件或结构的承载力产生影响。

原因分析

(1) 粗钢筋多因材质不均，在材质较差处裂断。

(2) 高强钢丝由于夹具固定时钢丝未理顺或松紧不一致，张拉后受力不匀，使受力大的断丝。

(3) 因卡具不良，卡断。

(4) 铺设预应力钢材后使用电焊，损伤了预应力钢材。

防治措施

(1) 严把预应力钢材进场检验关。

(2) 预应力钢材铺设到浇筑混凝土期间，不得使用电、气焊。

(3) 多根高强度钢丝张拉前要理顺，使其松紧一致，张拉中要始终保持活动横梁与固定横梁平行，预防各根钢丝受力不匀。

(4) 做好卡具的检验，防止因卡具不良而造成断丝。

(5) 在浇筑混凝土前，将发生断丝的预应力钢材进行更换，重新张拉。

【问题154】构件顶面及侧面垂直轴线的横裂缝

现象

在空心梁、板的顶面及侧面产生垂直构件轴线的横裂缝。其分布没有规律，裂缝深12mm以内。受季节影响较大，4～5月、9～10月干燥多风时常有发生，构件顶面及侧面的横裂缝，降低构件的耐久性，易产生构件主筋过早锈蚀。

原因分析

属于沉陷裂缝、塑性干燥及收缩裂缝和表层温度裂缝。

防治措施

（1）对构件表面，在混凝土浇筑后40min，用塑料抹子进行第二次成活，可加大混凝土表面的密实性，防止出现沉陷裂缝。

（2）混凝土浇筑后，尤其是多风干燥季节，要及时用潮湿麻袋或草袋覆盖，良好养护，防止塑性干缩裂缝过早出现。

（3）梁、板构件的侧模拆除后，应及时覆盖和防风，避免混凝土内部与表面温差过大，防止表面温度裂缝。

（4）对大于0.2mm缝宽的裂缝要进行封闭处理。

【问题155】梁、板肋端头劈裂

现象

构件放张后，在空心梁、板肋的两端头的劈裂（图10-1）。梁、板肋的两端头的劈裂，削弱了预应力钢材锚固区混凝土的强度。

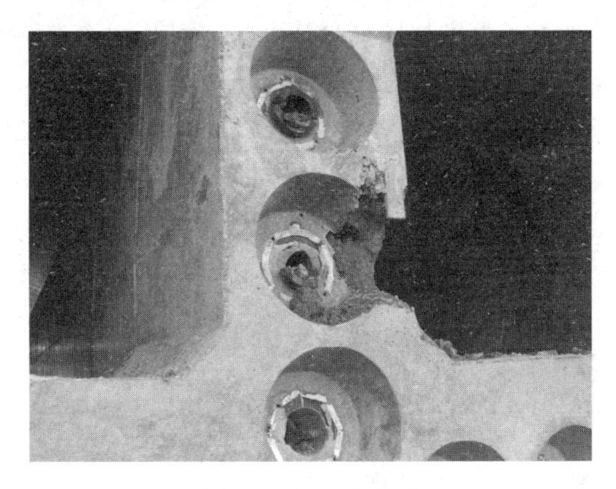

图10-1　端头劈裂

原因分析

构件放张，空心梁、板肋的端头受到压缩变形，预应力筋产生的剪应力和放松引起的拉应力在该部位均为最大，由于放张偏早，该部位混凝土强度不足而开裂。

防治措施

（1）设计中加厚梁、板肋。

（2）预应力钢材按设计规定传递长度，套塑料管，并做到塑料管不漏、不裂。

（3）预应力放张，必须在混凝土抗压强度不小于 70%设计强度后，保证放张均匀、缓慢。

【问题 156】梁腹侧面水平裂缝

现象

用胶囊做内模的空心箱梁，浇筑中在梁腹侧面产生水平裂缝，造成梁腹钢筋过早锈蚀，从而降低空心箱梁的耐久性。

原因分析

浇筑混凝土时，为保证成型度，胶囊要保证在 2h 内具有一定气压范围，因此设专人定时对胶囊补气。施工中常易出现所设专人离岗。当发现亏气时，已超过规定时间。强制突击补气，使已初凝的混凝土被胶囊胀裂，产生侧向水平裂缝。

防治措施

所设专人不得离岗，为维持胶囊气压范围，随时补气，并注意所补气的气压，不得超过浇筑混凝土所规定的最大值。

【问题 157】孔内露筋

现象

空心箱梁、空心板、孔内表面露箍筋，易造成外露箍筋早期锈蚀，影响主筋承载力。

原因分析

由于浇筑混凝土时，胶囊被挤向一边，贴箍筋造成孔内一侧箍筋外露。

防治措施

（1）胶囊的左右定位应采用有效措施，如采用井字固定筋，其间距不大于 50cm。

（2）混凝土入模时，应分层进行。先入模到模高的 1/2，并注意胶囊左右均匀下料、振捣。避免一侧混凝土入模量过大，挤偏胶囊。

（3）对孔内露筋处，要用掺 108 胶的水泥砂浆封闭。

【问题 158】梁、板预拱度超标

现象

城市道路的人行通道，采用先张法预制的预应力混凝土板的板底错台 10～20mm，造成内顶面接缝不平。

原因分析

先张预应力混凝土板放张后，板向上的反拱度控制不好，偏差范围大。当该板吊装就位，板顶结构层铺设后，在静载作用下板向下的挠曲变形量各板相差很小，与反拱度相抵，出现各板总变形量大小不一致，而造成板下底面接缝不平。

防治措施

(1) 控制每次浇筑生产线的张拉应力值，使其相差值控制在5%以内。目前采用YC-20前卡式千斤顶，对浇筑前的预应力钢材的张拉应力进行检测（该千斤顶有直接显示张拉应力值的功能）。

(2) 控制预应力钢材的温度对伸长量的影响，调整其伸长率。

【问题159】梁拱度偏差大

现象

梁体起拱偏差大或偏小。

原因分析

(1) 波纹管竖向偏位过大。

(2) 梁体混凝土未达到设计规定强度即进行梁体张拉。

(3) 混凝土弹性模量不稳定。

(4) 钢绞线张拉双控的伸长值指标计算时，弹性模量采用值与实测值存在偏差。

(5) 未推算初应力伸长值。

(6) 持荷时间不符合要求。

防治措施

(1) 波纹管的安装定位应准确，需加强过程监控。

(2) 控制张拉时间的试块应与梁体同条件养护。

(3) 增加钢绞线自检频率，伸长值计算采用同批钢绞线弹性模量实测值。

(4) 正确推算初应力与伸长值。

(5) 采用张拉应力值与伸长值指标双控。

(6) 应按规定要求的时间持荷。

10.2 后张法施工预应力混凝土结构施工

【问题160】预留孔道塌陷

现象

当预留预应力钢材穿束的孔道时，选用胶管、钢管、金属伸缩套管、充气充水胶管抽芯方法预留的孔道发生局部塌陷，严重时与邻孔发生串通。

局部预留孔道塌陷，使预应力钢材不能顺利穿过；张拉时孔道摩阻值过大；灌浆时，不能保证灌浆密实。

原因分析

(1) 抽芯过早，混凝土尚未凝固。

(2) 孔壁受外力和振动影响，如抽管时因方向不正而产生的挤压力和附加振动等。

防治措施

(1) 钢管抽芯宜在混凝土初凝后，终凝前进行，一般以用手指按压混凝土表面不显凹痕时为宜，胶管抽芯时间可适当推迟。

(2) 浇筑混凝土后，钢管要每隔10～15min转动一次，转动应始终顺同一方向，转管时应防止管子沿端头外滑。

(3) 抽管程序宜先上后下、先曲后直，抽管速度要均匀，其方向要与孔道走向保持一致。芯管抽出后，应及时检查孔道成型质量，局部塌陷处可用特制长杆及时加以疏通。

(4) 夏季高温下浇筑混凝土应考虑合理的程序，避免构件尚未全部浇筑完毕就急需抽管。否则，邻近的振动易使孔道塌陷。

【问题161】孔道位置不正

现象

孔道位置不正（水平向摆动或竖向波动）（图10-2），将引起张拉时管道摩阻系数加大或构件在预加应力时发生侧弯和开裂。

原因分析

(1) 用抽芯法预留孔道时，制孔管安装位置不准确、自身强度不足或制孔管管节连接不平顺。

(2) 充气、充水胶管抽芯预留时，管内压力不足或胶管壁厚不均。

(3) 预埋芯管时，芯管安装位置不准确，或芯管固定不牢固，或“井”字固定架间距过大。

图10-2　预应力孔道位置

防治措施

（1）抽芯法预留孔道时，制孔管应有足够强度，管壁厚度应均匀，安装位置应准确，管节连接或接头焊接应保持管道形状在接头处平顺。

（2）制孔用充气或充水胶管抽芯时，应预先进行胶管的充气或充水试验。管内压力不低于0.5MPa，且应保持压力不变直至抽拔时。

（3）预埋芯管制孔时，芯管应用钢筋“井”字架支垫，“井”字架尺寸应正确。“井”字架应绑扎在钢筋骨架上。其间距当采用钢管时，不得大于100cm；采用胶管且为直线孔道时，不得大于50cm；若为曲线孔道时，取15～20cm。

（4）孔道之间净距，孔道壁至构件边缘的距离，应不少于25mm，且不小于孔道直径的一半。

（5）浇筑混凝土时，切勿用振捣棒振动芯管，以防芯管偏移。

（6）需要起拱的构件，芯管应随构件同时起拱，以保证预应力筋所要求的保护层厚度。

（7）在浇筑混凝土前，应检查预埋件及芯管位置是否正确，预埋件应牢牢固定在模板上。

【问题162】孔道堵塞

现象

孔道被混凝土灰浆堵塞，使预应力钢材无法穿过。

原因分析

（1）预埋芯管如波纹套管被电焊火花击穿后形成小孔，而又未及时发现；套管锈蚀砂眼。

（2）浇筑混凝土时，振捣棒碰坏套管，造成管身变形、裂缝，使水泥灰浆渗入。

（3）锚下垫板的喇叭管与套管连接不牢固，套管之间连接不牢，浇筑混凝土时接口处混凝土灰浆流入孔道内。

（4）安装梁内外模板的对拉螺栓时，木工钻孔用钻头碰坏套管。

防治措施

（1）预埋芯管的各种套管安装前要进行逐根检查，并逐根做 U 形满水试验；安装时所有管口处用橡皮套箍严。

（2）入模后套管在浇混凝土前要做灌水试验。

（3）浇混凝土过程中和浇筑完都要反复拉孔。

（4）锚垫板预先用螺栓固定在整体端钢板上，塑料片，防漏浆。在套管接口处缝隙夹紧泡沫。

（5）穿束前要试拉、通孔或充水检查，看管道是否有不严和堵塞处。在张拉锚固区内，为加强锚垫板喇叭管与套管结合处的刚度，由锚垫板外口部插入直径 5cm 钢管为 1～1.5m，可有效防止接口脱节。

（6）铺设套管后严格控制电焊机的使用，防止电焊火花击穿孔道。

【问题 163】预应力锚具锚固区缺陷

现象

锚垫板位置不准确；锚固区漏埋锚固构造钢筋；张拉锚固端松动或封锚区混凝土不密实。锚垫板位置不准，影响锚具安装位置的准确；锚区漏埋构造钢筋，使锚垫板下混凝土在张拉时易开裂损坏；张拉锚固端松动造成预应力损失加大；封锚区混凝土不密实，不能有效保护锚头和有发生崩锚事故的危险。

原因分析

（1）预应力混凝土施工经验不足或施工管理不严格，浇筑混凝土前，未进行钢筋及预埋件位置的隐蔽检验，以致没有发现锚垫板移位或漏置锚固构造钢筋。

（2）由于预埋套管位置发生变化，造成锚垫板不垂直套管轴线或造成偏离设计位置过大，影响锚头正常安装。

（3）封锚区由于空隙小，振捣措施不适当，造成混凝土不密实。

防治措施

（1）钢筋绑扎及预埋件安装工作要交底清楚，责任到人。坚持互检、交接检，发动施工人员层层把关。

（2）必须经专业隐检钢筋后，方可开盘浇筑混凝土。

(3) 封锚区采用粒径小的骨料配制混凝土，隐检时，如认为有不能充分振捣处，应重新布置钢束套管及钢筋，并加强振捣，确保该区域混凝土密实。

【问题 164】漏穿钢束

现象

后张预应力混凝土结构中穿束时，漏掉一束或一股，张拉后或孔道灌浆后才发现（图 10-3）。使构件或结构不能具有足够的预应力储备，或形成张拉后结构预应力不均匀，降低其承载能力。

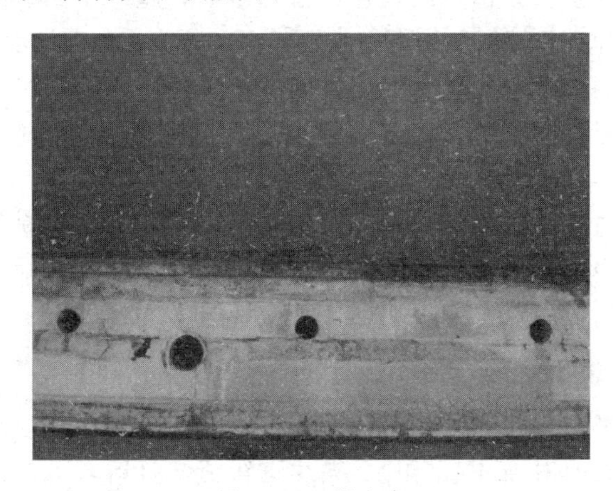

图 10-3　漏穿束

原因分析

施工管理混乱，或预应力钢丝（或钢绞线）编束时未编号，使穿束人员心中底数不清。

防治措施

(1) 钢丝（或钢绞线）束编束时。应将钢丝（或钢绞线）逐根排列理顺，编扎成束，并按设计的不同规格依次编号，待对照设计图检查无误时，方进行穿束。

(2) 张拉前，质检人员应对穿束情况进行检查，防止发生丢束或丢股问题。

(3) 当可以补救时，用卸锚器对丢束（股）的钢束进行卸锚，补足后重新张拉；否则，要经设计验算，并按设计提出的补强方案处理。

【问题 165】张拉中滑丝（滑束）

现象

(1) 预应力钢材在锚具处锚固失效，钢丝束等随千斤顶回油而回缩。

(2) 预应力钢材在锚具处暂时锚固住，但当卸顶时却发生滑丝。还有的工作锚的楔片凹入锚环中。

(3) 发生滑丝或滑束的钢束，产生超过设计考虑的预应力损失，降低结构或构件的承载力。

原因分析

(1) 张拉后锚固时，顶楔器在顶压时不伸出。则工作锚变成利用滑动楔原理自锚的锚具。由于XM锚不宜以滑动楔原理锚固，而且施工时又不是按滑动楔锚固操作，形成预应力钢材或楔片的滑移量大，超过了回缩值允许范围而表现为滑丝；或楔片夹片被回缩钢束拖入锚环内，造成钢束回缩而表现为滑束。

(2) 工作锚的锚环与楔片、夹片之间有锈、泥沙或毛刺等异物存在，造成横向压力不能满足锚固时的要求，特别是使楔锚固开始处不能满足牢固啮合，结果当预应力转换时出现滑丝。

(3) 工具锚与工作锚之间的钢丝束编排不平行。有交叉现象，则卸顶时钢束有自动调整应力的趋势，可能因钢束轴线不平行于锚环孔轴线，使楔片夹片受力不均而锚固失效或发生滑丝现象。

防治措施

(1) 安装顶楔器前进行试顶，检查其顶压时是否伸出。

(2) 锚具安装前对锚环与楔片、夹片进行清洗打磨，工具锚锚环孔、楔片用油石打磨。

(3) 工具锚的楔片要与工作锚的楔片分开放置，不得混淆。每次安装前要对楔片进行检查，看是否有裂纹及齿尖损坏等现象。若发现此现象，应及时更换楔片；对夹片也应按上述要求检查或更换。

(4) 严格检查钢丝束编排情况，防止交叉现象发生。

(5) 张拉完毕，卸下千斤顶及工具锚后，要检查工具锚处每根钢绞线上夹片的刻痕是否平齐，若不平齐则说明有滑束现象。应用千斤顶对滑束进行补拉，使其达到控制应力。

(6) 如用XM锚时，可对已锚固的钢束用卸锚器卸锚，然后重新张拉和锚固。

【问题166】张拉中断丝

现象

张拉预应力钢丝或钢绞线（图10-4），顶锚或稳压时发生钢丝或钢绞线断掉，其发生部位多在工具锚或连接器夹片前端，位置相同而数量不等。

张拉中断丝，造成断丝的预应力束预应力损失增加。如超过允许根数，导

图 10-4　预张拉

致结构或构件的报废。

原因分析

（1）对于钢质锥形锚具而言，由于锚圈上口倒角不圆顺，再加上顶锚力过大使钢丝发生断丝；或因钢绞线材质不均，钢绞线全断飞出；或由于钢绞线钢丝束受力不匀，如钢丝束或钢绞线有扭拧麻花现象，导致张拉受力不均，或因锚塞过硬，有刻伤而造成钢绞线断掉。

（2）对于 XM 锚具，多由于千斤顶位置不正，造成夹片一侧刻入钢丝过深或顶楔时钢丝产生应力集中，而发生断丝（如钢丝下料后保管不好，有硬伤、死弯）。

（3）高强度钢丝碳化，造成冷脆，张拉时断丝；或粗预应力钢筋材质不匀，张拉时断裂。

（4）预应力钢材下料时，采用电、气焊切割，使其材质变脆张拉中断裂。

防治措施

（1）检验张拉槽与锚垫板垂直面的平整度，保证锚垫板与千斤顶的顶面在张拉过程中始终保持平行。

（2）严格检查锚具，导角不圆顺、锚具热处理太硬的都不使用，对预应力钢材在材质上严格把关。

（3）对钢绞线和钢丝束采用预拉工艺，使其各钢丝理顺，以便均匀受力；张拉时适当减慢加载速度，避免钢丝内应力过快增长。

（4）预应力钢材的下料，不得采用电、气焊来切割，避免其材质冷脆。

【问题167】预留孔道摩阻值过大

现象

后张预应力混凝土预埋波纹管孔道实测摩阻值大大超过设计值。由于孔道摩阻过大，张拉中预应力摩阻损失增加，且使张拉伸长率超出－5%偏差。

原因分析

（1）波纹管安装时水平变位，或振捣时造成水平变位过大。

（2）波纹管本身及接头漏入水泥浆，使孔道管壁不光滑。

（3）预埋波纹管轴向刚度太小，绑扎间距为1m时，绑扎点间波纹管轴线呈明显的悬链线形，造成管道局部偏差过大。

（4）预应力束编束时，各根钢丝（或钢绞线）不顺直，处于麻花状，增大摩阻值。

防治措施

（1）波纹管使用前，要进行严格的质量检验。要检查有无开裂、缝隙，有无小坑凹瘪现象及咬口不牢等问题。

（2）管道铺设中要确保管道内无杂物，严防管道碰撞变形，以及被电焊烧漏：管道安装完毕尚未穿束前，要临时封堵管口，严防杂物进入孔道；施工中要保护好波纹管，严防踩踏弄扁。

（3）管道就位后要做通水检查，看是否漏水，发现漏水及时修补，要进行试通。并应对有所阻塞的孔道进行处理。

（4）改善软管的直顺度，减小造成孔道局部变位的因素。

（5）钢筋骨架中波纹管的绑扎间距，由1m改为0.5m，并增设导向钢筋，提高波纹管的轴向刚度。管道在弯曲段应加密固定设施。

（6）对钢束穿束前应进行预拉，在预拉过程使扭绞在一起的钢丝（或钢绞线）得以顺直。

（7）锚垫板附近的喇叭口与波纹管相接处，要用塑料胶布缠裹严密，防止灰浆流入管道。

（8）混凝土浇筑过程中和浇筑完毕后，要及时清理孔道内可能漏入的灰浆。可在梁两端专人用绑海绵的钢丝往复拉动，直至孔道顺畅为止。

【问题168】张拉应力超标

现象

已张拉锚固后的钢丝束（或钢绞线束）抽样检测时，发现张拉应力值不足或超过设计要求值的5%。不能保证结构在设计规定荷载作用下不开裂，使结构承载力达不到设计要求。

原因分析

（1）预应力混凝土预埋管道摩阻值过大。

（2）混凝土强度未达到要求强度就进行张拉，因混凝土收缩、徐变所引起的预应力损失值，与设计不符而使应力值不准确。

（3）预应力钢材个别束应力松弛率偏大。

防治措施

（1）坚持超张拉按105%σ_k控制。

（2）坚持预应力混凝土的强度达到不小于70%$R_{设}$（或设计规定值）才进行张拉或放张。

（3）坚持按设计文件持荷5min的要求持荷，坚持张拉力接近最后一级时慢进油，且油表指针稳定后再顶锚。

【问题169】张拉伸长率不达标

现象

张拉时，实行张拉应力与伸长率双控，产生张拉应力值达标，伸长率超标问题。张拉中存在不正常因素，如不停，将不能使结构的张拉应力达到设计要求。

原因分析

（1）张拉系统未进行整体标定，或测力油表读数不准确。

（2）张拉系统中，未按标定配套的千斤顶、油泵、压力表进行安装，造成油表读数与压力数的偏差。

（3）计算伸长理论值所用的弹性模量E和预应力钢材面积不准确。

（4）伸长值实测时，读数错误，或理论伸长值为0至σ_k的值，实测值未加初应力时的推算伸长值，或压力表读数错误，或压力表千斤顶有异常。

（5）预应力钢材，有些弹性模量E或直径达不到产品标准，或个别钢材为应力松弛值大的材料。

（6）预留孔道质量差，产生过大管道摩阻。

防治措施

（1）张拉设备应配套定其校验和标定。校验时，应使千斤顶活塞的运行方向，与实际张拉工作状态一致。张拉前，应检查各设备是否按编号配套使用，若发现不配套应及时调整。

（2）张拉人员必须经过培训，合格后方可上岗，并且人员要固定。要设专人测量伸长值，并及时进行伸长率的复核，一旦伸长率超标，马上停止张拉，查找原因。当异常因素找到，消除后方可继续张拉作业。

(3) 张拉前，做好各束预应力钢材的理论伸长值计算。张拉中发现钢材异常，应重测其弹性模量、钢丝直径、重新计算其理论伸长值。如实测孔道摩阻值大于设计值时，应用实测摩阻数值去重新计算理论伸长值。

(4) 对初应力张拉推算伸长值的取舍，必须与理论伸长值计算中初应力的取舍相对应。

(5) 操作中应缓慢回油。勿使油表指针受撞击，以免影响仪表精度。

【问题 170】孔道灌浆不实

现象

灌浆强度低。在孔道内填充不饱满。由于孔道灌浆不实，易产生预应力钢材的锈蚀。对于通过灌浆握裹钢材来传递预加应力给结构混凝土的作用，将有所削弱。

原因分析

(1) 材料的选用、材料的配合比不当；或铝粉的质量不好，未使水泥浆有足够膨胀，形成灌浆的抗压强度低于设计要求。

(2) 灌浆的压力低，灌浆的顺序、时间不符合有关规定。当采用纯水泥浆时，未从另一端进行第二次灌浆。

(3) 灌浆的操作工艺不当。

防治措施

(1) 灌浆用的水泥，应是新出厂、强度等级不低于 42.5 级的硅酸盐水泥或普通水泥，用水不得含有对灰浆和预应力钢材产生不良影响的物质；灰浆的水灰比宜控制在 0.4～0.45 之间，要求灰浆拌好 3h 后泌水率不大于 2%，最大不超过 4%，24h 后泌水应全部被浆吸收。为在尽量小的水灰比下获得较大流动性，可掺入适量减水剂（如木钙）；为减少灰浆的收缩，可加入水泥重的 0.01% 以下的铝粉作为膨胀剂。但要注意铝粉的细度、成分及颗粒形状，注意铝粉掺入时间，才能保证灰浆发生膨胀的时间正好在灌浆后与灰浆硬化前的时间区段内。

(2) 灰浆的配合比，必须结合施工季节、使用材料，现场条件等灵活选取，通过试配试验确定。灰浆强度最小不低于 20MPa，才能移运。水泥浆的稠度宜控制在 14～18s 之间。

(3) 灌浆前，要检查灰浆质量是否符合要求，检查灌注通路的管道状态是否正确、通畅。其灰浆灌入和排出孔应按图 10-5 所示的位置和间距安装，对孔道应在灌前用压力水冲洗。

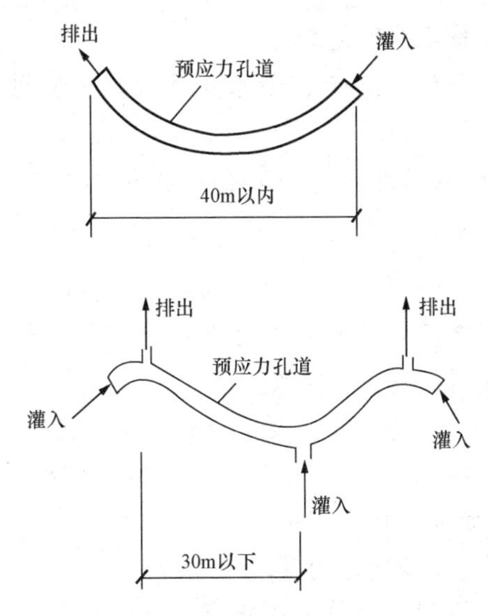

图10-5　灌入孔与排出孔的布置示意图

(4) 张拉后应尽早进行孔道灌浆（一般不超过14h)。压浆应缓慢、均匀、连续进行，灰浆入灰浆泵前应过筛孔为1.2mm的筛子，防止灰浆中颗粒堵孔道。

(5) 压浆作业宜在灰浆流动性未下降的30min内进行。压浆顺序应先下后上，曲线孔道应从最低点开始向两端进行，灌浆压力以0.3～0.6MPa为宜。孔道末端应设排气孔，灌浆到排气孔溢出浓浆后，才能堵住排气孔，继续加压到0.5～0.6MPa，稳压2min后停止。为防止在锚具背面附近有空气滞留，应在此处设排出管。

(6) 灌浆后应填写灌浆记录，检查孔道密实情况，如有不实，及时处理纠正。压浆中，每一工作班留取不少于3组试件，标准养护28d，作为灰浆强度的评定依据。

(7) 每孔道应一次灌成，中途不应停顿，否则需将已压灌部分水泥浆冲洗干净，从头开始灌浆。

【问题171】管道开裂

现象

构件或结构的预应力管道，在灌浆前后沿管道方向产生水平裂缝，导致孔道内预应力钢材发生锈蚀。

原因分析

（1）抽管、灌浆操作不当产生裂缝。

（2）由于灰浆泌水量较多，或灰浆水灰比大，灰浆硬结后形成空腔，夏季有水渗入，冬季冻胀，使管道开裂。

（3）施工中，个别钢束孔未灌浆，存留其中的水发生冻结，使管道产生裂缝。

防治措施

（1）混凝土应振捣密实，特别是保证孔道下部的混凝土密实；对于抽芯法预留孔道时，防止抽管时使管道产生裂缝。

（2）避免冬季灌浆。如需要时，要保持管道周围温度在灌浆前不低于5℃，灌注灰浆的温度宜控制在10～20℃之间，压浆中及压浆后48h内，结构混凝土温度不得低于5℃，否则应采取保温措施。

（3）灌浆中认真检查，防止发生漏灌现象。

（4）对开裂管道，将裂缝部分混凝土凿掉，排除积水，然后再压注灰浆或树脂剂等，填满所有空隙。

【问题172】管道压浆困难

现象

预应力钢材张拉后，发现孔道无法灌浆，或灌注过程中发生不能完成灌注灰浆，无法保证预应力钢材的安全。

原因分析

（1）浇筑混凝土过程中，振捣器将灌浆管或排气管碰坏，使混凝土钻入管道内，造成无法灌浆。

（2）波纹管被振捣器压振变窄，预应力钢材或套管生锈及存有异物，灌浆时灰浆将铁锈及异物聚集，妨碍灰浆通过。

（3）灌浆前，未事前清洗管道，灰浆失水沉积；灰浆未过筛，混入灰浆的异物、颗粒堵塞灰浆通道。

防治措施

（1）对于无法灌浆的情况，应避免强行灌注，可采取措施凿除侵入混凝土，设法让灰浆通过。

（2）灌浆前，必须让灰浆通过1.2mm筛孔的筛，并用压力水冲洗管道。在炎热夏天，压力水冲洗可降低灌注通路温度和湿润通道，避免灰浆早凝、早硬、沉积。

(3) 当发生灌注中管道堵塞时，应中止灌浆，立即由相反方向灌入压力水，将已灌灰浆完全排除，待灌注通道畅通后再重新灌浆。

【问题 173】锚具未用混凝土封堵

现象

后张预应力构件张拉后只灌浆，锚区未用混凝土将锚头封堵就吊运或安装。未浇筑封锚混凝土就吊运、安装构件，是十分危险的做法。锚头极易受振动、碰撞产生滑束，甚至崩锚。轻者构件报废，重者件毁人亡。

原因分析

对及时封锚的重要性认识不足；或管理不严格，吊运前未认真检查。

防治措施

(1) 建立严格有效的出厂检验制度。

(2) 生产中的技术交底要强调及时浇筑封锚混凝土，并严格控制其质量和外形尺寸偏差。

(3) 发现未封锚已移运的构件，要检查锚头锚固情况，根据其是否完好决定构件是否报废。对可用的封锚后，经静载试验检验合格方可安装。

第11章 桥梁墩柱及预制构件

11.1 桥梁墩柱

【问题174】桥墩柱轴线偏移、扭转

现象

桥梁墩柱的实际轴线与标准轴线发生偏离，造成整座桥梁轴线的偏离或扭转。

原因分析

（1）基础杯口十字线放偏。

（2）墩柱预制时断面尺寸误差。

（3）基础杯口尺寸未预检，杯口偏移，墩柱在杯口内无法调整或因插柱固定时，四周钢楔未打紧，在外力作用下松动。

（4）框架柱轴线虽已找正，但由于墩柱预埋件埋设不牢，调整钢筋时预埋件活动，使柱产生位移。

防治措施

（1）吊装前，要对杯口十字线及尺寸进行预检，发现问题，及时调整。

（2）桥墩柱中心线，应按桥轴线两次校核，做到中心线准确，且使各墩柱相对两面的中线均在同一平面以内，防止墩柱扭转。

（3）吊装松吊钩时，杯口内钢楔应再打紧一遍，并随即用经纬仪复测。校正时，钢楔的调整和增减应有严格的工艺要求与安全措施，以防止柱倾倒。杯口内第一次浇灌的混凝土，在未达到10MPa前不得随意拆掉钢楔。

【问题175】桥墩柱垂直偏差

现象

桥墩柱垂直度超过标准（图11-1），使墩柱受力时，因未保持竖直，产生附加弯矩。

原因分析

（1）吊装时仅用一台经纬仪控制或复测次数不够。

（2）杯口钢楔紧固程度不同，或浇筑第一次混凝土后，过早拆掉钢楔，使柱垂直度发生变化。

图 11-1　错台严重，垂直度超差

（3）接口为钢筋焊接的柱，由于采用帮条焊接和搭接焊接时，焊接变形对柱垂直偏差有直接影响。

（4）双肢 Π 形柱由于构件制作偏差或基础不平，只能保证单肢垂直，吊一肢则垂直度超标。

防治措施

（1）安装墩柱时，垂直度要用两台经纬仪在两个方向控制。安装 Y 形柱时，吊索中心应与 Y 形柱重心重合。

（2）杯口混凝土强度未达 10MPa 时，不得拆除钢楔。

（3）焊接钢筋时，必须采取合理施焊顺序，减少甚至避免焊接产生的变形对柱垂直度的影响。当发生变形影响柱的垂直度时，根据钢筋残余变形少于热胀变形的原理，利用电焊或氧乙炔火焰烘烤钢筋，以调整柱的垂直度。

（4）对双肢 Π 形柱等墩柱要对其各部主要尺寸严格预检，杯口底部两肢要平，不符合要求者及时处理好。如两肢垂直偏差相差大于 2cm 时，两肢垂直偏差应适当均衡调整。

【问题 176】 桥墩顶面标高不符合设计高程

现象

吊装后的桥墩顶面高程与设计高程不符，差值超标，引起桥面设计高程与设计不符。

原因分析

（1）基础预留杯口底面高程不符合设计值。

（2）墩柱与盖梁拼接后，其高度与设计值相差较大。

（3）柱身不垂直，造成墩顶标高与设计值比有高有低（墩顶有横坡时）。

防治措施

(1) 实测拼装后每个墩柱的高度。

(2) 按设计要求的墩柱顶面高程计算出杯底所需标高，采用高强度等级砂浆按高程抹出杯底。

(3) 各柱吊装后的高程调整，由杯口内垫钢片调整。

【问题 177】T形墩柱盖梁与柱身连接处不平

现象

T形墩现场组合张拉后，盖梁与柱身接缝处不平顺，影响桥墩的外观质量。

原因分析

(1) 现场组拼盖梁与柱身时，底面垫墩不平。

(2) 接连处柱身与盖梁的相关尺寸不一致或端面不垂直。

防治措施

(1) 严格控制T形墩柱的预制件尺寸，一般采用盖梁和柱身同模浇筑，组合面用涂刷隔离剂的钢板隔开。

(2) 在现场桥基两侧的组拼场地上，拼装T形墩柱场地平整、坚实。组合墩垫用C20混凝土现浇，盖梁与墩柱顶面间，垫5mm厚橡胶板。橡胶板的作用是保护盖梁及柱顶面不被损坏。每个墩垫顶面高程用水准仪实测，保证其高差不大于2mm。在盖梁与柱身的接合处断面上满刷环氧树脂，然后向前平移柱子，使柱子与盖梁结合面缝隙不大于10mm，并进行张拉组合。

【问题 178】柱安装后裂缝超过允许偏差值

现象

墩柱安装后发现裂缝超过允许值，影响墩柱的外观质量；引起墩柱钢筋的早期锈蚀，严重时降低墩柱的承载力。

原因分析

(1) 墩柱混凝土强度未达到设计标准的70%便吊装。

(2) 设计忽略了吊装所需要的构造钢筋。

(3) 吊装前未按工作状态校核墩柱的刚度，并采取加固措施。

防治措施

针对发生的原因，采取相应措施。对发生的裂缝，如危及结构安全的要报废；否则，按裂缝处理方法处理。

11.2　板、梁安装

【问题 179】板安装后不稳定

现象

板安装后其四个角不在一个平面内，使板安装后不稳定，造成板的实际支承状况与设计不符，改变了板的受力状况。

原因分析

（1）板预制时板面翘曲不平。

（2）板底砂浆铺不平。

防治措施

（1）对预制板入场前进行检验。

（2）将板底砂浆铺平。

（3）对不稳定的板应吊起，重新垫塞使其安装稳定。

【问题 180】梁面标高超过桥面设计标高较大

现象

桥面实际标高要比桥面的设计标高超过较大，造成桥面竣工后，中线标高项目合格率低。

原因分析

（1）各部位如基础顶面标高、桥墩顶面标高超过设计值。

（2）桥墩柱高度由于预制时控制不好，超过设计值。

（3）梁安装后由于扭曲，使桥面标高超过设计值，或预应力混凝土梁反拱度超过设计值，为保证桥面铺装的最小厚度，使桥面标高与设计值发生偏差。

防治措施

（1）必须严格控制基础顶面，桥墩顶面标高，当基础顶面标高超设计时，应减少墩柱高度，以维持桥墩顶面标高满足设计标高要求。

（2）控制预应力混凝土梁的反拱度和预制梁的扭曲程度。

（3）尽量维护桥面铺装的最小厚度，当桥面标高稍低于设计值时，可用加厚桥面铺装层来调整最后桥面的设计标高。

【问题181】梁顶盖梁、梁顶台帽和梁顶梁

现象

吊装上桥的预制梁的梁端牛腿与盖梁或台帽间缝隙过小。相邻两跨的梁与梁之间的缝隙太少，甚至有时相顶。

由于相邻两跨梁间的间隙小，当梁受热伸长时，没有变形余地而拱起，影响桥梁的正常使用，或造成盖梁、台帽等被顶坏。

原因分析

（1）盖梁或台帽的外形尺寸（尤其现浇时）控制不严，使盖梁或台帽顺桥方向尺寸偏差未控制在±10mm。

（2）预制梁的梁端牛腿部位尺寸控制误差不严，一些牛腿明显跑模或台帽现浇时胀模，造成尺寸偏差过大。

（3）墩柱安装或现浇后，桥墩轴距出现负偏差，而预制梁常出现正偏差，造成吊装后梁顶盖梁。

防治措施

（1）严格进行现浇盖梁、台帽模板的检查，确保模板不变形、支撑不移动，防止胀模、跑模现象发生。

（2）对预制盖梁及大梁，要把好进场检验关，及时发现外形尺寸超标的构件，并注意控制梁长，盖梁宽为负偏差。

（3）把好墩柱安装前后的轴距测量检查关，防止出现负偏差及超标的正偏差。

（4）吊车上梁前，在盖梁上放出桥梁轴线与每片梁的中线，并在预制梁的两端上画出中线。吊装中，首先注意梁上的编号，避免用错位置；其次，保证大梁就位时的中线偏差和梁支座偏差小于标准，并注意控制梁体牛腿与盖梁间隙不少于40mm，克服温差变形产生的顶梁现象。

【问题182】预制T形梁隔板连接错位

现象

预制T形梁吊装后，横隔梁平面位置相差较大或横隔梁底不在一水平线上，削弱主梁有效地将荷载进行横向分布，影响桥下外观质量。

原因分析

（1）预制中，横隔梁与梁端间距控制不严超标；安装后为保证梁间缝等宽，形成横梁错位。

（2）预应力混凝土梁张拉后反拱度不同，形成横梁下缘不在一水平线上；

横梁高预制中掌握不严，造成下缘不齐。

防治措施

（1）预制中，严格控制隔梁位置和横梁尺寸及预埋件位置。

（2）控制预应力混凝土梁张拉后的反拱度在各梁间的差值。

【问题183】摔梁事故

现象

吊装中，由于各种原因造成的梁掉落损坏的事故。轻者使梁损坏，重者使梁报废。

原因分析

（1）桥墩上门式架在横移构件过程中，盖梁端部混凝土受剪破坏，使门式架倾倒造成落梁（门式架支点在盖梁上承压面过小所造成）。

（2）门式架吊梁中，由于梁横向刚度小，起吊偏重心，造成梁倾斜而损坏。

（3）两台吊车架梁作业，由于相互配合不善，造成一车吊杆与桥墩相撞，吊杆折断造成落梁。

防治措施

（1）当盖梁长不够门式架布置时，可用附加托架的方法加强盖梁端部，防止被剪断。

（2）采用吊装架或横担来克服单片梁的横向刚度不足。

（3）制订吊装方案时，认真制订两台吊车的配合作业要求，挑选有富余吊装能力的吊车，并安排好两台吊车起吊时停放的位置。

【问题184】预制挡墙板错台或不竖直

现象

预制的桥梁引道的挡土墙墙板间错台、不平或挡墙板自身不竖直，发生内俯或外仰。挡墙板不竖直，当墙后土压力增大时，易发生倾倒事故；挡墙间错台，影响其外观质量。

原因分析

（1）挡墙板预制时平面发生翘曲。

（2）吊装中未严格控制挡墙板的垂直度和接缝处的平顺。

（3）挡墙板的榫口尺寸偏差大，插口深过浅或灌缝豆石混凝土不密实。

（4）挡墙板内侧填土时，未采用有效措施控制挡墙板的位置，使其内俯或外闪。

防治措施

(1) 严格检验挡墙板的平整度，控制其预制时的翘曲程度。

(2) 安装挡墙板时，用靠尺认真检查其垂直度，特别是与桥台挡墙板现浇部分相接那块挡墙板的垂直度，并以此为基准，块块控制。可用横方木，通长夹固墙板，用木楔调整其接缝处的平顺度和垂直度。

(3) 要保证插口深应大于 35cm，灌缝豆石混凝土必须插捣密实，并注意其强度。

(4) 内侧填土时，应采用有效措施，保证挡墙板不发生俯、仰，并用经纬仪校验其竖直度。

(5) 预制中，严格控制隔梁位置和横梁尺寸及预埋件位置。

第 12 章　支座、桥面及附属设施工程

12.1　桥面

【问题 185】桥面水泥混凝土铺装层开裂

现象

桥面防水层上的水泥混凝土铺装层，在通车数月后，首先在车轮经常经过的板角产生裂缝，并很快发展为纵横交错裂缝，1～2 年发生严重碎裂，以至脱落，形成坑洼。

桥面水泥混凝土开裂，使水由裂缝浸入铺装层，甚至会浸入上部结构的梁板，当桥面及梁、板的钢筋受到裂缝浸入水作用而锈蚀；为碱—骨料反应提供水源；铺装脱落出坑，造成车辆跳车，加速桥面的进一步破坏。

原因分析

（1）桥面平整度不好或桥面伸缩缝附近不平整，使车辆行驶产生较大冲击。

（2）桥面防水层，由于与主梁顶面和桥面水泥混凝土铺装层间连接不好，将铺装层与主梁分为两个独立体系，在车辆荷载作用下变形不一致，形成桥面铺装层与主梁顶面间的空隙；铺装层 10cm 厚，强度低，板角及板缝处的应力集中形成板角裂缝。

（3）主梁刚度小，变形大，加剧了裂缝发展的速度。

防治措施

（1）设计变更。

1）将桥面铺装水泥混凝层，按弹性地基上的水泥混凝土路面设计，双层配筋，并将铺装层由原 10cm 加厚至 18cm，如采用钢纤维混凝土，可减至 15cm 厚。

2）将桥面铺装层改为沥青混凝土，可同时消除原水泥混凝土铺装的干缩及温度裂缝，但要解决好防水层与沥青混凝土磨耗层的连接。

（2）可采取下述施工措施，减轻或延缓开裂。

1）变单层混凝土桥面铺装，为上层沥青混凝土，下层水泥混凝土的双层做法：下层水泥混凝土结构层厚 7cm，内设单层 $\phi8$～$\phi12$ 钢筋，且纵向分条，横向分块，每块尺寸 5.33m×6.1m，施工按水泥路面纵向分条施工，横向采用切缝。上层为 5cm 厚的沥青混凝土磨耗层，使用效果是出现局部裂缝，未发生

破损。

2）桥面防水层，由三油二布改为GYL涂膜防水新材料，即为改性阳离子乳化沥青胶乳涂膜防水新材料。GYL涂膜防水材料是水乳性材料，施工工艺简单，对基层干燥程度要求低，是一种适于涂刷的质薄、弹性好的材料，没有卷材防水材料的搭接问题。防水层采用加入橡胶沥青混合乳液防水剂的砂浆，涂层薄且均匀，利于减少混凝土铺装层裂缝。在广渠门立交桥东转盘桥面，采用的水泥混凝土铺装层，由于使用GYL涂膜防水材料和铺装层内加$\phi8$钢筋网的方法，使混凝土裂缝大大减少。

3）严把质量关。确保桥面平整度和桥面伸缩缝与两侧桥面的平顺度，减少车辆冲击力。

【问题186】桥头跳车

现象

桥头填土由于其沉降或固结量，与桥台沉降有差异，在桥台处形成一个台阶。这种台阶影响行车的舒适和安全，并对桥梁产生很大冲击力的现象，称为桥头跳车；或者在桥头处形成斜坡，车辆在斜坡进入凹角处受到垂直振动，然后在斜坡顶端凸角处又受到垂直振动，而产生跳车。

原因分析

（1）桥头处路基，由于路堤填土本身及路堤下地基两者的沉降，而产生大于桥台的沉降差，尤其当桥台基础是桩基时，这一沉降差会更大。

路堤下地基的沉降，取决于土质、气候、水文地质条件，而且路堤与路堤下地基的沉降稳定时间，随土质黏性的增加而加长。因此，桥头处台身与填土间的沉降差，只能减为最少，而不可能完全没有。

（2）桥面伸缩缝不平顺或者损坏，造成桥头跳车。埋式伸缩缝，钢板、型钢镶边伸缩缝，由于缝中的塑料胶泥在梁热胀时被挤出，高于桥面的填料造成跳车；橡胶条伸缩缝，由于橡胶性能所限，夏季梁热胀使橡胶条高于桥面，冬季梁冷缩橡胶条与型钢拉开、跑出，都会发生跳车。

（3）桥面铺装碎裂脱落，出现坑洼，也会产生跳车。

防治措施

（1）桥台后一定范围内的填土，选用排水和压实性能好的回填材料，并达到最好的压实度，以减少路堤填土的沉降量。换土范围为路堤高度的2～3倍。

（2）在桥台等结构物与填土部分的连接处，设置钢筋混凝土桥头搭板。桥头搭板采用埋入式或半埋入式，并做成一定斜度，使车辆在上桥过程中，路面刚度可逐渐增大至桥面刚度，提高行车的舒适度；为消除表面搭板的下沉，可向板下压入水泥砂浆。桥头搭板长度为 3～8m。

(3) 对于桩柱式桥台，可以首先进行填方，待填方充分沉降稳定后，再修建桩柱式桥台，从而减少结构物与填土的沉降差。

(4) 选择使用性能较好的伸缩缝，严把伸缩缝的检验和安装的施工质量，保证桥面伸缩缝处的平整性和完好性。

(5) 采用有效措施，尽量减少桥面铺装层的裂缝。对于出现的裂缝，要及时进行修理，防止产生碎裂或脱落。

【问题 187】 桥面沥青混凝土铺装壅包

现象

桥面沥青混凝土经过通车后一段时间，由于刹车或减速产生的水平力形成突起或波浪状的起伏，使桥面的平整度变坏，车辆行驶舒畅性恶化。

原因分析

(1) 沥青混凝土面层，由于局部与路面基层的粘结力削弱，造成结合不牢，或沥青混凝土的热稳定性差而形成的。

(2) 板面铺筑沥青混凝土前潮湿或有水，桥面板（如钢梁时）变形大。

防治措施

(1) 严格控制沥青混合料的油石比和石料级配，确保其符合设计要求的马歇尔稳定度和流值。

(2) 做好桥面柔性防水层的施工，提高贴铺质量，并在铺筑沥青混凝土前，浇好粘层油，使其与桥面防水层牢固粘结。

(3) 属于基层原因引起的壅包，可用挖补法先处理基层，然后再做面层。

(4) 由于面层沥青混凝土热稳定性不好或油石比不适造成的壅包，可用挖补法修补，也可在高温季节将壅包铲平。

12.2 伸缩缝装置

【问题 188】 桥面伸缩缝不贯通

现象

桥台与梁端相接处及各联（桥面连续的几孔称为一联）间的伸缩缝处，常发生桥台侧翼墙和地袱，防撞护栏，栏杆扶手在伸缩缝处不断开，造成未断开的桥台侧翼墙、地袱、防撞护栏、栏杆扶手的裂损。

原因分析

桥梁主体上部结构完成后，进行附属设施施工时，技术交底未提出留缝要求或施工操作人员不明白伸缩缝作用，造成上述问题。

防治措施

（1）附属构造物施工时，技术交底应强调在桥面伸缩缝处，要完全断开，使伸缩缝在桥横向完全贯穿。

（2）提高操作人员的技术素质。

（3）附属构造物施工中，要注意检查伸缩缝是否贯穿。

（4）可在该部位的桥台侧翼墙及地袱、栏杆进行局部返工，留出贯通缝。

【问题189】伸缩缝安装及使用质量缺陷

现象

（1）伸缩缝下的导水槽脱落，造成在伸缩缝处漏水。

（2）齿形板伸缩缝，橡胶伸缩缝的预埋件标高不符设计要求，造成伸缩缝与桥面不平顺，产生跳车。

（3）主梁预埋钢筋与连接角钢及底层钢板焊接不牢及焊接变形，缝两侧混凝土保护带破碎，使伸缩装置过早损坏。

（4）伸缩缝混凝土保护带的混凝土破碎，造成伸缩缝脱锚。

原因分析

（1）导水U形槽锚、粘不牢，造成导水槽脱落。

（2）齿形板伸缩缝的锚板，滑板伸缩缝的连接角钢，橡胶伸缩缝的衔接梁与主梁预埋件焊接前，高程未核查。

（3）伸缩缝的各部分焊接件表面未除锈，施焊时焊接缝长度和高度不够，造成焊接不牢；施焊未跳焊，造成焊件变形大。

（4）混凝土保护带未用膨胀混凝土浇筑，振捣不密实。

防治措施

（1）采取有效措施，锚牢或粘贴牢导水U形槽。

（2）焊件表面彻底除锈，点焊间距不大于50cm，控制施焊温度在5～30℃之间，加固焊接要双面焊、跳焊，最后塞孔焊，确保焊接变形小，焊接强度高。

（3）在主梁预埋件上焊锚板，连接角钢，衔接梁钢件时，要保持缝两侧同高，且顶面高程符合桥面纵横坡所推出的该点标高。

【问题190】橡胶伸缩缝、TS缝的雨水漫流

现象

橡胶伸缩缝及TS缝，缝内堵塞树叶等杂物，桥面雨水流入后，没有适当的排水通路，造成雨水顺地袱漫流。

原因分析

设计不够完善，缝内水没有排水通路，只好从伸缩缝最低端和地袱接缝处流出。

防治措施

（1）开工前，图纸会审时向设计提出，要求增加伸缩缝排水设计大样，加以解决。

（2）可在水汇流的低处，设类似房建的水漏斗及落水管排除缝内积水。

【问题191】伸缩缝与两侧路面衔接不平顺

现象

伸缩缝高于或低于其两侧路面超过5mm，造成衔接不平顺现象或伸缩缝两侧不等高。

原因分析

（1）钢板滑板伸缩缝上层钢板安装时标高不准，一般滑动端的钢板高于固定端钢板，造成高于或低于路面标高现象。

（2）滑板伸缩缝的滑动板因车辆冲击产生变形或前缘上翘。

（3）齿形钢板伸缩缝由于钢板与主筋相连焊缝脱裂，钢板变形或上翘。

（4）伸缩缝的钢板连同角钢松脱，其所埋范围内的水泥混凝土桥面层破裂，造成了伸缩缝两侧出现凹坑，造成伸缩缝附近不平顺。

防治措施

（1）伸缩缝下埋角钢要严格控制其符合设计标高；尽量缩小滑动伸缩缝滑动钢板的宽度，防止滑动钢板前缘的上翘。

（2）加强上层钢板与其下主梁的连接，保证焊接处双侧焊，以便增加焊缝长度。采用厚度在30mm以上的钢板，防止在车辆冲击下产生变形。

（3）采用连续桥面新技术，减少桥面伸缩缝的个数，并采用新型大变形量防水伸缩缝，如TS伸缩缝、毛勒伸缩缝。新型伸缩缝由工厂预制和组装的，可分段在现场连接安装。根据安装温度调整好安装尺寸，然后将调整好的伸缩缝吊装就位，再将伸缩缝的锚固筋，与桥面预留槽口内的预埋钢筋相焊接，采用高于桥面混凝土一级的钢纤维混凝土将伸缩缝槽口浇筑密实。

（4）伸缩缝装置的安装采用后安装法。即铺路时，将伸缩缝装置位置按路面铺过去，碾压平整、密实；然后，按伸缩缝装置加混凝土保护带的宽度，将该部分路面结构切、挖去；再进行伸缩装置安装、焊接，浇筑混凝土保护带。

12.3 变形缝、施工缝漏水

【问题192】埋入式止水带变形缝渗漏水

现象

沿变形缝隙漏水，一般多发生在变形缝下部及止水带转角处，造成防水结构在变形缝周围漏水。

原因分析

（1）止水带未采用固定措施，或固定方法不当，埋设位置不准确，或被浇筑的混凝土挤偏。

（2）止水带两翼的混凝土包裹不严，特别是底板部位的止水带下面，混凝土振捣不严或留有空隙。

（3）钢筋过密，浇筑混凝土方法不当等，造成止水带周围粗骨料集中。这种现象往往多发生在下部的转角处。

（4）施工人员对止水带的作用不甚了解，操作马虎，甚至将止水带钉上而破坏。

防治措施

（1）止水带埋设前，须经充分检查，发现破损等现象必须修补完好。

（2）止水带应按有关规定方法固定，确保其埋设位置准确。严禁在止水带的中心圆环处穿孔。最好将止水带端部先用扁钢夹紧，再将扁钢与结构内的钢筋焊牢，使止水带在浇筑混凝土时，不会因振捣力的作用变形或损坏，而确保位置牢靠、准确、平直。

（3）埋设底板止水带时，要把止水带下部的混凝土振实，然后将铺设的止水带由中部向两侧挤压按实，再浇筑上部混凝土。墙体内的止水带周围应防止骨料集中或用豆石混凝土。

【问题193】涂刷式氯丁胶片变形缝渗漏水

现象

沿变形缝隙渗漏水；表面覆盖层空鼓收缩，出现裂缝漏水，造成结构防水功能的失效。

原因分析

（1）基层处理不符合要求。

（2）胶层涂刷薄厚不均，转角处玻璃布铺贴不实，局部出现气泡等。

（3）覆盖层过薄或未分层覆盖，产生空鼓或收缩裂缝。

防治措施

（1）对不规则开裂的变形缝隙要查找准确位置，并刻画出标记，以便于涂刷。涂刷宽度沿裂缝两侧不小于15mm。

（2）涂刷次数不少于5～6遍，中设1～2层脱蜡玻璃布作为衬托层。每遍涂刷应在前一遍胶层充分干燥后再进行。涂刷要均匀，局部产生的气泡应排除，转角处的玻璃布贴铺时不要绷紧。在继续开展的缝隙处，应做成宽30mm、深20mm的沟槽，并将胶片窝进沟槽内，使之适应缝隙继续开展。

（3）如缝隙渗漏水，先进行堵漏，然后将粘贴表面弄平整、粗糙、坚实、干燥，必要时可用喷灯烘烤，或在第一遍胶内掺入10%～15%的干水泥，做好基层处理。

【问题194】混凝土施工缝渗漏水

现象

防水混凝土浇筑中断所留施工缝发生渗漏水。

原因分析

（1）施工缝留的位置不当，如施工缝留在底板上，或墙上留垂直施工缝。

（2）由于支模后锯末、铁钉等杂物没有及时清除干净，浇灌上层混凝土后，在新旧混凝土间形成夹层。

（3）在浇筑上层混凝土时，没有先在施工缝处铺一层水泥浆或水泥砂浆，上、下层混凝土不能牢固粘结。

防治措施

（1）根据施工缝渗漏情况和水压大小，采取促凝胶浆或氰凝灌浆堵漏。

（2）施工缝是防水混凝土工程中的薄弱部位，应尽量不留或少留。底板混凝土应连续浇筑，不得留施工缝。底板与墙间如必须留施工缝时，应留大墙体上，且要高出底板上表面不少于300mm；墙体上不得留垂直施工缝，必须留时应与变形缝统一考虑。一般应留在受剪力或弯矩较小处；拱（板）墙结合的水平施工缝，宜留在拱（板）墙接缝线以下150～300mm处。

（3）认真做好施工缝的处理，使上、下两层混凝土之间粘结密实，以阻隔地下水的渗漏。

（4）施工缝可采用留平缝加设遇水膨胀橡胶腻子止水条或中埋止水带的方法。也可采取两道防线，即以刚性和柔性处理相结合形式，加固施工缝。

12.4 桥梁排水

【问题 195】桥面排水返坡

现象

桥面泄水孔处于较高处，造成桥面排水不畅，使桥面局部积水。

原因分析

铺设桥面混凝土时，纵向路边未向泄水孔倾斜。

防治措施

桥面铺装层施工时，应用水准仪在路边一侧纵向分段控制桥面高程，使桥面泄水孔处于各段的最低点。

【问题 196】桥台排水不畅、桥台后填土不实

现象

桥台支承台、翼墙等平面上，因排水不畅，水在其上漫流，锈蚀支座，锈水等污染桥台前墙。桥台后填土不实，造成塌陷。

原因分析

台后、翼墙后排水反滤层失效，水不能经反滤层、排水管排出桥外。

防治措施

（1）桥台支座面、翼墙等顶面都做成向后倾斜的面，使水向后流。

（2）台后反滤层必须按操作规程严格去做，并做到顶面封闭，防止地面水流入，造成砂滤层失效。

（3）做好砂滤层下的胶泥防水层。安装桥台后排水管时，要控制好坡度和管节间的连接。

（4）桥台后填土应水平分层填筑、分层夯实，如图 12-1 所示。

【问题 197】通道路面雨水管道缺陷

现象

管道不直顺，管内下口有错台或舌头灰，造成流水不畅，影响通道路面的排水工效。

原因分析

（1）操作安管不细致。

（2）管皮厚薄不匀。

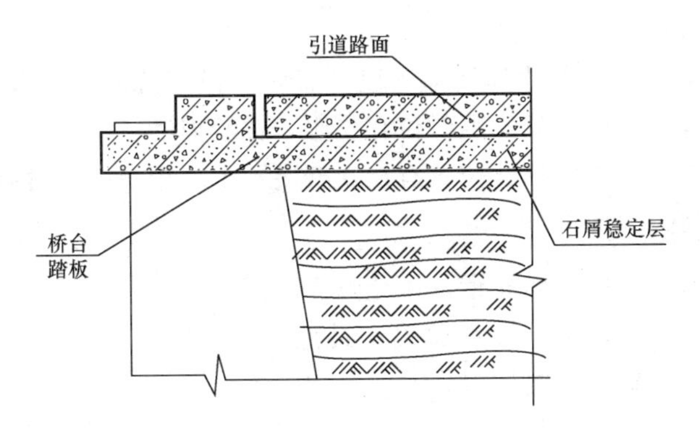

图 12-1　桥台后填土填筑、夯实示意图

（3）管口内抹口不细致，不密实。

防治措施

（1）严格按操作规程安管。

（2）管节进行进场后挑选，将管皮厚薄不同的进行搭配，然后安装。

（3）安管、抹口后，用麻袋塞入管内，绑上绳索，反复在管内拉扫，解决舌头灰。

【问题 198】桥面漏留泄水管

现象

浇筑桥面混凝土时，漏留按设计要求放够泄水管，造成桥面排水不畅的危害。

原因分析

桥面铺装时，组织工作不细。

防治措施

加强桥面铺装前的检查，及时补上漏留泄水管。

12.5　桥梁支座安装

【问题 199】钢支座上下摆，锚栓折断

现象

桥梁钢支座上、下摆的锚栓发生折断，危及钢支座的安全。

原因分析

（1）弧形支座弧面制作粗糙。不能保证正常位移或弧面锈死，桥梁梁体伸

缩时锚螺栓被剪断。

(2) 支座施工时，未计算活动支座位移量，没按施工时气温设置支座下摆的位置，以致有最高或最低气温时位移受阻，锚栓剪断。

(3) 上摆锚栓与支座栓孔位置有误，安装不上，用锤打伤螺栓。

防治措施

(1) 保证弧形支座弧面光滑，避免弧面生锈。

(2) 安装活动支座时，要按最高、最低温度与施工气温的最大差值，来计算出支座位移量，确定安装位置。

(3) 要保证上摆锚栓与支座栓孔位置准确，使误差减少，安装顺利。

(4) 支座上摆与梁底镶角板间加焊角钢来加固，也可以凿除墩台混凝土进行更换。

【问题200】 钢支座安装不平、积水

现象

支座安装定位及紧固不良（图12-2）。由于定位、紧固不良，在竖向荷载作用下，支座各部受力不均，极易产生破坏。

图12-2 支座安装

原因分析

施工时墩台顶面未进行认真抹平，使支座垫板三个螺栓受力。

防治措施

(1) 支座安装前，仔细核对设计图标注的支座位置与方向，然后经过精确平面和水准测量，在墩台面上标注支座中心。

(2) 按支座图，做支座下的垫板和锚固螺栓的预留孔，此时要考虑与下部

构造钢筋的关系，便于调整安装位置，往孔内填充砂浆施工来决定预留孔尺寸。

(3) 安装钢支座，多使用衬垫调整支座位置、高度及倾斜等，该衬垫必须设在即使填充砂浆后也能撤掉的位置上，待砂浆硬化后迅速撤掉并设预留孔，暂时安好支座后，再从预留孔将砂浆灌注到支座垫板内。

(4) 支座垫石应高出墩台顶面3～5cm，并将支座平台外的墩台顶面做成双向横坡，以便于排除流在其上的水。

【问题201】板式橡胶支座质量问题

现象

(1) 板式橡胶支座橡胶或橡胶与加强钢板的固结、剪切破坏。当板式橡胶支座发生剪切破坏时，会限制上部结构的自由伸缩，将使上、下部结构产生附加应力。

(2) 梁对两个橡胶支座的压缩不等，甚至个别支座有缝隙。梁下两支座压缩不等，甚至有缝隙，将使支座不均匀受力而缩短支座寿命。

(3) 支座安装在支座槽内，吊梁后支座被压缩，梁底与桥台或桥墩盖梁顶面相接触，称为支座“落坑”。支座“落坑”，使梁支点错位，不仅会使桥台或桥墩上顶，混凝土因梁低温收缩时发生局部劈裂，也改变了桥台、桥墩的受力状态，增大其偏心弯矩。

(4) 支座顶面滑板当梁收缩量超过支座剪切变形量时不发生滑动。支座顶面应滑动时不能滑动，必然加剧支座的剪切变形，严重时会挤裂桥台面的混凝土。

原因分析

(1) 板式橡胶支座粘结于支座垫石的环氧砂浆尚未固结，就吊放上部结构，使支座位移；或支座安装位置有误，梁吊装后欲纠正横顶梁，使支座侧向剪切变形，形成支座在梁胀、缩时，剪切变形过量而剪坏。

(2) 梁底面有些翘曲或梁底预埋钢板变位，造成梁安放后与设计要求值出入过大，形成支座受力不等。此现象在人行天桥的梯道梁上最易发生。

(3) 桥台、桥墩或盖梁顶面实际标高大于设计值时，为保持梁底标高，将支座处留成凹槽去凑合，形成梁底与墩、台顶面净空过小；或墩、台顶面未按桥面横坡要求留有坡度，造成部分梁下的墩、台顶面标高超标。

(4) 支座与滑板间及滑板上，未按操作工艺要求涂抹润滑物质（操作者不知此要求或虽知此要求，但减掉此工序）。

防治措施

(1) 环氧砂浆固结是有一定时间的。安装支座后，必须静置足够时间，待环氧砂浆完全固结后，才能进行上部结构的吊装，以保证支座位置的准确。

（2）梁底支承部位，要求平整、水平，支承部位相对高程误差应不大于 0.5mm；桥墩台支承垫石顶面标高应准确，且上表面要平整；每一墩台上，同一片梁的支承垫石顶面相对高程误差不大于 1mm，相邻两墩台同一片梁下，支承垫石顶面相对高程误差不大于 3mm。

（3）当达不到上述第 2 项的标准，不得不留支座坑槽时，应使支座用环氧砂浆固结后，支座与坑槽间有足够变形预留量。同时，注意梁底面与墩、台顶面净空隙应大于支座压缩量加上 20mm 的量值。

（4）橡胶支座安放时，应按设计要求，在墩台顶面标出其纵、横中线，安放后，位移偏差不得大于 5mm；不允许橡胶支座与梁底或支承垫石之间，发生任何方向的相对移动。

（5）支座与梁底，或支承垫石顶面，应全部紧密接触，局部有缝隙，不得超过 0.5mm 宽；有滑板时，必须按要求在支座与滑板间、滑板上涂抹润滑物质。

（6）安装支座，最好在年平均气温时进行；否则，可使支座产生预变位（即梁一端就位压住支座，然后对梁施纵向推力，产生计算的变位值，然后让另一端梁落到支座上）。

第 13 章　钢结构桥梁安装

13.1　钢结构焊接质量问题

【问题 202】错边

现象

外表面不在同一平面，焊缝高度不一致。

原因分析

下料变形、毛刺、氧化铁处理不到位，板材坡口处高低不齐。

防治措施

下料后注意坡口质量，按要求点焊固定，再进行焊接。

【问题 203】焊缝外观不良

现象

焊缝表面凹凸不平，宽窄不匀。

原因分析

焊工技能达不到要求，焊工操作不当，运条速度掌握不一致，收弧过快或过慢，焊接参数选择不合适等，都可能造成以上现象。

防治措施

加强焊工培训，熟练掌握操作技术，选择合适的焊接参数，正确运条。

【问题 204】咬边

现象

焊缝与钢板交界处烧成缺口没有得到熔化金属的补充。

原因分析

焊接电流过大、电弧太长、焊工操作不熟练，坡口不均匀。

防治措施

选用合适的电流，避免电流过大；电焊工操作时电弧不能拉得过长，控制好焊条的角度和运弧方法，焊接区域应打磨干净，坡口打磨均匀。

【问题 205】焊瘤

现象

在正常焊缝之外出现多余焊接金属。

原因分析

熔池温度过高，凝固较慢，在铁水自重作用下下坠，形成焊瘤。

防治措施

适当减小焊接电流，采用正确焊条运条方式。

【问题 206】弧坑过大

现象

焊接收弧时弧坑未填满。

原因分析

在焊接过程中突然灭弧，引起焊接收弧时弧坑未填满，在焊缝上有明显的缺肉。

防治措施

收弧时焊条在收弧处稍多停留一会，或者采用几次断续灭弧补焊，填满凹坑。

【问题 207】夹渣

现象

焊缝中存在块状或弥散状非金属夹渣物。

原因分析

操作技术不熟练、选用焊条不当、焊接电流过小、钝边大坡口角度小、焊条直径较粗、焊接区域没打磨干净、焊条药皮渗入焊缝金属、在多层施焊时熔渣没有清除干净等，均易造成夹渣。

防治措施

采用焊接工艺性能良好的焊条，控制电流；采用适宜直径的焊条；焊接区域打磨干净；分层施焊时，层层将焊渣清理干净。

【问题208】电弧烧伤

现象

钢结构表面局部烧伤，形成缺肉或凹坑，或产生淬硬组织。

原因分析

焊工操作不慎，使焊条、焊把等与钢结构引焊部位接触，短暂地引起电弧后，将钢结构表面局部烧伤，形成缺肉或凹坑，或产生淬硬组织；焊接工人技术水平低，不能连续焊接，出现多次重新起弧所引起的焊缝附近表面有缺肉或凹坑或附着焊肉的现象。

防治措施

避免带电金属与钢结构表面相碰引起电弧；不得在非焊接部位随意引弧；提高技术水平，掌握运条左右摆动及挑弧幅度，不断断续续起弧；接地线与焊件保证良好接触。

【问题209】裂纹

现象

按其产生的部位不同，有纵向裂纹、横向裂纹、熔合线裂纹、焊缝根部裂纹、弧坑裂纹、热影响区裂纹；按其产生的温度和时间不同，有热裂纹和冷裂纹。

原因分析

焊接碳、锰、硫、磷化学成分含量较高的钢材，在焊缝接热循环的作用下，近缝区易产生淬火组织，这种脆性组织加上较大的收缩应力，容易导致焊缝或近缝区产生裂纹；焊条质量低劣，焊芯中碳、硫、磷含量超过规定；焊接次序不合理，容易产生过大的内压力，引起接头裂纹；焊接温度偏低或风速大，焊缝冷却速度过快；焊接参数选择不合理，或焊接能量控制不当。

防治措施

选择质量好的母材和焊材，选择合理的焊接参数和焊接次序；在冬期施焊时，应采取挡风、防雪、焊前预热、焊后缓冷或热处理措施；严禁用水降温，防止焊缝急速冷却，内部应力过大。焊后如果发现有裂纹，应铲除重新施焊。

【问题210】未焊透

现象

根据部位不同有根部未焊透、层间未焊透、边缘未焊透。

原因分析

焊工技能不高，操作不当；焊接电流过小，运条速度过快，钝边太大，对口间隙过小，操作不当，焊条偏于破口一边，均会产生未焊透的现象；焊接区域表面有污物。

防治措施

坡口采用机械打磨和气割清理氧化铁和熔渣，不得采用电弧切割；对口间隙要严格按规范标准组对，焊条直径选择得当；焊接电流不宜过小，应适当放慢焊接速度，保证焊接金属与母材重合熔合。

【问题211】气孔

现象

气体残留在焊缝金属中形成的孔洞。

原因分析

碱性低氢型焊条受潮，药皮变质或剥落，钢芯生锈；酸性焊条烘培温度过高，使药皮变质失效；焊接区域内清理不干净；焊接电流过大，焊条发红，造成保护失效，使空气侵入；焊接速度过快；电弧不稳定；焊条药皮偏心，空气湿度太高，焊条未烘烤。

防治措施

焊条应按说明书规定的温度和时间进行烘培，焊芯锈蚀、药皮开裂剥落，偏心过大的焊条不能使用；钢管焊接区域的水、锈、油、污物等彻底清理干净；雨雪天气不能施焊；引燃电弧后，应将电弧拉长些，以便进行预热和逐渐形成熔池，在已焊焊缝端部上收弧时，应将电弧拉长些，使该处适当加热，然后缩短电弧，稍停一会再断弧；施焊中，可适当加大焊接电流，降低焊接速度，使溶池中的气体完全溢出。

【问题212】焊缝药皮、飞溅物未清除，焊缝成型不良

现象

焊缝（主要是角焊缝）药皮、飞溅物未清除，焊缝成型不良、焊接变形。

原因分析

没有严格遵守焊接工艺纪律。

防治措施

（1）技术交底要清楚。

（2）焊缝药皮、飞溅物应由焊工清除。

（3）加强质量自检。

（4）提高职业道德教育。

（5）外漏明显的焊缝成形不良部位应予以修整。

（6）减小焊接变形适当加快焊接速度；使用小电流；正确安排焊接顺序；使用夹具等充分约束。

【问题 213】缺棱

现象

钢材切割面有大于 1mm 的缺棱。

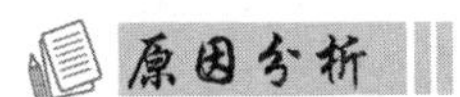

钢材切割不熟练，操作不当。

防治措施

对超标的缺棱，应根据不同母材的材质正确领用焊条进行补焊，补焊后打磨平直。

【问题 214】异物填塞组装间隙

现象

组装间隙过大，在焊接前用钢筋、钢板条、焊条等异物填塞间隙。

原因分析

焊接工艺纪律遵守不好，没有意识到可能出现的焊接后果。

防治措施

对组装间隙过大的构件，应编制相应的组装工艺方案，在下料前应充分考虑焊缝的收缩等影响构件尺寸的因素。

13.2　钢结构安装质量问题

【问题 215】吊装装车运输问题

现象

（1）成品钢构件吊装漆膜被钢丝绳勒损或沾染油污。

（2）运输捆扎不牢。

原因分析

操作人员责任心不强。

防治措施

（1）加强吊装、运送人员的责任心。

（2）选用无损伤承载力大的钢绳，并利用紧线器可靠捆绑，在运输途中要经常检查是否存在钢绳松动，及时调紧。

（3）选用吊装大件的专用钢绳，绳外套橡胶管保护。

（4）在钢绳勒紧处垫橡胶板（或废橡胶轮胎皮）。

（5）在钢构件之间垫硬杂木方或粗草绳。

【问题216】用火焰割扩高强度螺栓孔

现象

高强度螺栓孔用火焰割扩。

原因分析

高强度螺栓孔位置不合适。

防治措施

（1）采用铰刀扩孔、更换连接板。

（2）堵焊旧孔，重钻新孔。

【问题217】高强度螺栓摩擦面涂涮油漆

现象

高强度螺栓摩擦面未采取防止油漆污染的保护措施，边孔留不涂漆距离不足。

原因分析

技术交底不清。

防治措施

（1）施工前，技术人员向施工人员现场技术交底。

（2）涂装前采取措施保护好摩擦面，可采取贴纸或粘胶带的方式。

（3）构件出厂前检查摩擦面，有问题在厂内处理。

【问题218】钢结构油漆质量问题

现象

（1）漆膜起皱、流坠。

（2）漆膜返锈。

（3）安装焊缝部位，焊渣不清除，不涂底漆只涂一遍面漆。

（4）安装焊缝部位涂装油漆露底、流淌、皱纹和色泽不一。

原因分析

（1）油漆黏稠度稀释剂掺兑不合适；各层油漆未干涂刷。

（2）涂装前构件粘有灰土、泥沙等污染。

防治措施

（1）油漆黏稠度，稀释剂掺兑合适；涂刷均匀；底、中、面漆逐层干后再涂装。

（2）涂装前清理干净构件基层铁锈、灰土、水分、油污；除锈后及时涂装、涂刷。

（3）除过锈的构件要离开除锈现场；除过锈的构件在 4h 内完成涂装。

（4）杜绝违章施工，在补涂之前进行技术交底，加强责任心；严格按规程操作，焊渣随焊随清；安装焊缝部位涂漆要按正式装程序，进行补刷油漆。

（5）严格按设计要求和操作规程操作，严禁用滚筒滚，保证油漆遍数和漆膜厚度。

第3部分　市政排水管道工程质量常见问题与防治

第14章　沟槽开挖与回填工程

14.1　沟槽开挖

【问题219】边坡塌方

现象

在挖槽过程中或挖槽之后，边坡土方局部或大部分坍塌或滑坡，使下道工序难以进行。严重的会影响槽边以外建筑物的稳定和安全，易造成人和财物损害和损失。

原因分析

（1）为了节省土方，边坡坡率过陡（不符合规范规定）或没有根据槽深和土质特性建成相应坡率的边坡，致使槽帮失去稳定而造成塌方。

（2）在有地下水作用的土层或有地面水冲刷槽帮时，没有预先采取有效的排、降水措施，土层浸湿，土的抗剪强度指标黏聚力 C 和内摩擦角 φ 降低，在重力作用下，失去稳定而塌方。

（3）槽边堆积物过高，负重过大，或受外力震动影响，使坡体内剪切力增大，土体失去稳定而塌方。

（4）土质松软，挖槽方法不当而造成塌方。

防治措施

（1）沟槽已经塌方，要及时将塌方清除，按规定做支撑加固措施。

（2）根据土壤类别，土的力学性质确定适当的槽帮坡度。实施支撑的直槽槽帮坡度一般采用1∶0.05。地质条件良好、土质均匀、地下水位低于沟槽底面高程且开挖深度在5m以内、沟槽不设支撑时，沟槽边坡最陡坡度应符合表14-1的规定。

表14-1　　深度在5m以内的沟槽边坡的最陡坡度

土的类别	边坡坡度（高∶宽）		
	坡顶无荷载	坡顶有静载	坡顶有动载
中密的砂土	1∶1.00	1∶1.25	1∶1.50
中密的碎石类土（充填物为砂土）	1∶0.75	1∶1.00	1∶1.25
硬塑的粉土	1∶0.67	1∶0.75	1∶1.00
中密的碎石类土（充填物为黏性土）	1∶0.50	1∶0.67	1∶0.75
硬塑的粉质黏土、黏土	1∶0.33	1∶0.50	1∶0.67
老黄土	1∶0.10	1∶0.25	1∶0.33
软土（经井点降水后）	1∶1.25	—	—

（3）较深的沟槽，宜分层开挖。人工开挖多层槽的中槽和下槽，机械开挖直槽时，均需按规定进行支撑以加固槽帮。其支撑形式、方法和适用范围可参照表14-2确定。

表14-2　　支撑方法和适用范围

支撑名称	支撑方法	适用范围
坡脚短桩	打入小短木桩，一半外露，另一半在地下，外露部分背面钉上横木板，然后填土	部分地段下部放坡不足，为保护坡脚，防止坍塌
断续式水平支撑	三至五块横板水平放置，紧贴槽帮，方木立靠在横板上，再用圆木或工具式横撑，顶紧两侧的方木	湿度较小的黏性类土、槽深小于3m
连续式水平支撑	横板水平密排，紧贴槽帮，方木立靠在横板上，两侧同时设置，用方木或工具式横撑顶紧方木	容易坍塌，但容许支撑的砂性土，槽深在3～5m时
连续式垂直支撑	木板密排垂直放置，紧贴两侧槽帮，用方木水平靠在立板上，以撑木顶紧方木，并加木楔	容易坍塌，并需要随挖随支撑的砂性土
企口板桩支撑	挖直槽深50～100cm，将板桩插入导架，沿底槽边密排，人工用锤打入土内随打随挖。用方木紧贴板桩，横撑顶紧方木。挖槽见底后需调整横撑位置	地下水比较严重，有流砂现象，不能排板，只能随打板桩随挖土
钻孔埋钢梁式支撑	用ϕ400螺旋钻钻孔，伸入槽底1～1.5m，在孔内下工字钢，随挖土随固定横工字钢和横撑，并下立挡土板，横方木放在工字钢之间，别住挡土板	槽深大于4m，有可能坍塌的直槽时

(4) 掌握天然排水系统和现况排水管道情况，做好地面排水和导流措施。当沟槽开挖范围内有地下水时应采取排降水措施，将水位降至槽底以下不小于 0.5m，并保持到回填土完毕。

(5) 挖槽土方应妥善安排堆存位置，一般情况堆在沟槽两侧。堆土下坡脚与槽边的距离应根据槽深、土质、槽边坡来确定，其最小距离为 1m。若计划在槽边运送材料，有机动车通行时，其最小距离为 3m，当土质松软时不得小于 3m。

(6) 沟槽挖方，在竖直方向，应自上而下分层，从平面上说应从下游开始分段依次进行，随时做成一定坡势，以利排水。沟槽见底后应及时施工下一道工序，以防扰动地基。

【问题 220】 槽底土基受冻

现象

槽底土基受冻，遭受冻结的土层较原状土体积增大，在回填后，冻土层融化，产生融沉。

原因分析

由于冬季挖槽见底后，没有在当日进行下道工序施工，又未采用覆盖防冻措施。导致进入冬季挖槽，当日平均气温在 5℃或 5℃以下，或日最低气温在 0℃或 0℃以下时，挖至槽底未采取防护措施，槽底土基受冻。

遭受冻结的土层较原状土体积增大，当回填后冻土层融化，产生融沉。融沉时的变形包括沉陷变形和负荷压缩变形两种。因此，槽底土层冻结，往往是形成管渠基础不均匀沉降，造成结构断裂的潜在原因。

防治措施

(1) 将槽底结冻的土层全部挖出。

(2) 干槽超挖在 15cm 以内者，可用原土回填夯实，其密实度不应低于原地基天然土的密实度。

(3) 干槽超挖在 15cm 以上者，可用石灰土处理，其密度不应低于轻型击实的 95%。

(4) 槽底有地下水，或地基土壤含水量较大，不适于加夯时，可用天然级配砂砾回填。

(5) 当挖槽见底后，若不能立即进行下道工序时，应保留 30cm 挖松的土层，以作为防护层。

(6) 当日最低气温在 0℃或 0℃以下时，沟槽见底，可用单层塑料布、单层或多层草帘覆盖槽底。

【问题221】槽底泡水

现象

沟槽开挖后槽底土基被水浸泡（图14-1和图14-2）。

图14-1　积水未清理

图14-2　基槽积水

原因分析

(1) 天然降水或其他客水流进沟槽。

(2) 对地下水或浅层滞水，未采取排降水措施或排降水措施不力。

(3) 危害：槽基被浸泡后，地基土质变软，会大大降低其承载力，引起管渠基础下沉，造成管渠结构断裂损坏。

防治措施

(1) 雨期施工，要将沟槽四周叠筑闭合的土埂，必要时要在埂外开挖排水沟，防止客水流入槽内。

(2) 下水道接通河道或接入旧雨水管渠的沟段，开槽应在枯水期先行施工，以防下游水倒灌入沟槽。

(3) 在地下水位以下或有浅层滞水地段挖槽，应使排水沟，集水井或各种井点排降水设备经常保持完好状态，保证正常运行。

(4) 沟槽见底后应随即进行下一道工序，否则，槽底以上可暂留 20cm 土层不予挖出，作为保护层。

(5) 沟槽已被泡水，应立即检查排降水设备，疏通排水沟，将水引走、排净。已经被水浸泡而受扰动的地基土，可根据具体情况处治。当土层扰动在 10cm 以内时，要将扰动土挖出，换填级配砂砾或砾石夯实；当土层扰动深度达到 30cm 但下部坚硬时，要将扰动土挖出，换填大卵石或块石，并用砾石填充空隙，将表面找平夯实。

【问题 222】 槽底超挖

现象

所开挖的沟槽槽底，普遍或局部或个别处低于设计高程，即槽底设计高程以下土层被挖除或受到松动或扰动。

超挖部分要回填夯实，回填夯实的原土或其他材料的密实度，均不如原状土均匀，易造成不均匀沉降。

原因分析

(1) 测量放线的错误，造成超挖。

(2) 采用机械挖槽时，司驾人员或指挥、操作人员控制不严格。

防治措施

(1) 加强技术管理，认真落实测量复核制度，挖槽时，要设专人把关检验。

(2) 使用机械挖槽时，在设计槽底高程以上预留 20cm 土层，待人工清挖。

(3) 干槽超挖在 15cm 以内者，可用原土回填夯实，其密实度不应低于原地基天然土的密实度。

(4) 干槽超挖在 15cm 以上者，可用石灰土处理，其密度不应低于轻型击实的 95%。

(5) 槽底有地下水，或地基土壤含水量较大，不适于加夯时，可用天然级配砂砾回填。

【问题 223】 沟槽尺寸不符合要求

现象

(1) 沟槽坡脚线不直顺，形成中线每侧宽度宽窄不一致。

（2）槽帮坡度偏陡，且不平整，局部形成鼓肚。

（3）槽底宽度尺寸不够，有的工作宽度过小，甚至管道直贴槽帮。

原因分析

（1）施工技术人员在编制施工组织设计之前没有认真学习设计图纸和规范要求，没有充分了解挖槽地段的土质、地下构筑物、地下水位以及施工环境等情况，所确定的挖槽断面不合理。

（2）挖槽的操作人员或机械开槽的司驾人员不按要求的开槽断面施工，又管理不力，一味图省工、省力。

（3）挖槽过程管理不力，未随挖随修整边坡，施工管理人员和测量人员，未随时用中线每侧宽度随时检查，随时修整槽下口宽度。

（4）施工管理力度薄弱，未按施工组织设计要求的开槽宽度开挖甚至有意偷工少挖土方。

防治措施

（1）施工技术人员要认真学习设计图纸和施工规范，充分了解施工环境。在研究确定挖槽断面时，既要考虑少挖土、少占地，更要考虑有利施工，确保生产安全和工程质量，做到开槽断面合理。

（2）开槽断面系由槽底宽、挖深、槽层、各层边坡坡率以及层间留台宽度等因素确定。槽底宽度，应为管道结构宽度加两侧工作宽度。每侧工作宽度数应按照表14-3的规定认真执行。

表14-3　管道一侧的工作面宽度

管道的外径 D_o /mm	管道一侧的工作面宽度 b_1/mm		
	混凝土类管道		金属类管道、化学建材管道
$D_o \leqslant 500$	刚性接口	400	300
	柔性接口	300	
$500 < D_o \leqslant 1000$	刚性接口	500	400
	柔性接口	400	
$1000 < D_o \leqslant 1500$	刚性接口	600	500
	柔性接口	500	
$1500 < D_o \leqslant 3000$	刚性接口	800～1000	700
	柔性接口	600	

注：1. 槽底需设排水沟时，b_1 应适当增加。

2. 管道有现场施工的外防水层时，b_1 宜取800mm。

3. 采用机械回填管道侧面时，b_1 需满足机械作业的宽度要求。

（3）施工管理人员应按照施工组织设计或技术交底中要求的合理开槽断面施工，坚持随开挖随检查边坡坡率和平顺度，随时按中线检查每侧开挖宽度，特别在接近槽底设计高程时，要切实调整使槽底中线每侧宽度达标。

（4）在只有槽底宽度较窄，不影响生产安全的情况下，在槽底部两侧削挖坡脚，加设短木护桩，使槽底宽度达到要求。

（5）对于危及人身安全或严重影响操作，难以保证工程质量的不符合要求的槽宽，可在慎重研究，采取安全措施后，另行劈槽，直到符合标准为止。

【问题224】沟槽开挖堆土超高

现象

土方堆放位置不妥当，槽边堆土超高，堆土堵塞排水出路，堵塞施工通道；严重时在已安装的管道上、盖板方沟上超高堆土。

原因分析

挖掘土的堆放问题往往没有受到施工人员的重视，施工管理人员、操作人员对堆土的有关规定不熟悉，或虽知道，但执行、落实不坚决不彻底。经常出现由于挖掘土的坍塌导致人员伤亡的事故。

防治措施

（1）对不符合规定的堆土，要根据具体情况，采取补救措施进行处理。严重违反规定的重新整治或装运倒除。

（2）在开槽挖土之前，施工技术人员要根据施工环境、施工季节和作业方式，制定安全、易行、经济合理的堆土、弃土、运土、存土的施工方案。并作详细的施工技术交底。

（3）一般堆土的规定和注意事项，见表14-4，可参照执行。

表14-4　一般堆土有关规定和注意事项

工作环境或作业方式	有关规定和注意事项
沟槽上堆土（一般土质）	1. 堆土坡脚距槽边1m以外； 2. 留出运输道路和井点干管位置及排水管的足够宽度； 3. 在适当的距离内要留出交通运输路口； 4. 堆土高度一般不宜超过2m；堆土坡度不陡于自然安息角
挖运堆土	1. 充土和回填土分开堆放； 2. 回运的土方堆放，要便于装运
城镇市区开槽时的堆土	1. 路面渣土和下层好土要分开堆放，堆土整齐，有利市容； 2. 合理安排交通，保证交通安全； 3. 不要埋压消火栓、雨水口、测量标志和其他市政设施；且测量标志及消火栓周围也不宜堆土

续表

工作环境或作业方式	有关规定和注意事项
高压线和变压器附近堆土	1. 尽量避免在高压线下堆土，如确须堆放应事先会同供电和有关部门确定方案，按有关部门规定办理； 2. 要考虑堆、取土机械及行人攀缘等安全因素； 3. 要考虑雨、雪天的因素
靠近建筑物或墙根堆土	1. 在房墙根堆土，应核算土压力对房墙结构承载力的影响； 2. 在一般较坚固的砌体或房屋下堆土，其高度不超檐高的1/3，且不超过1.5m；严禁靠近危险房墙处堆土
农田地堆土	表层土与下层土分开堆放，便于原土、原层回填运输
冬季堆土	1. 应集中大堆堆放； 2. 便于向阳面取土； 3. 便于防冻保温； 4. 尽量选在干燥地面处
雨季堆土	1. 不得切断或堵塞天然排水路线； 2. 防止雨水进入沟槽；堆土缺口应加叠闭合土埂； 3. 向槽一侧的堆土坡面，应尽量拍实，避免冲塌； 4. 大汛季节，其堆土内侧应挖排水沟，将水引向槽外；不宜靠近房墙堆土

（4）在回填的管道上堆土，其堆土高度与管道现有覆土深度之和不得大于该管道设计上允许的覆土深度。普通混凝土和钢筋混凝土排水管一般不超过6m，管壁加厚加重钢筋混凝土管一般不超过12m。

14.2　沟槽回填

【问题225】沟槽沉陷

现象

沟槽填土的局部地段或部位，甚至大部分沟槽（特别是检查井周围）出现程度不同的下沉（图14-3）。

原因分析

（1）松土回填，未分层夯实，或虽分层但超厚夯实，一经地面水浸入或经地面荷载作用，造成沉陷。

（2）沟槽中的积水、淤泥、有机杂物没有清除和认真处理，虽经夯打，但在饱和土上不可能夯实；有机杂物一经腐烂，必造成回填土下沉。

图 14-3　管道回填土有被积水浸泡、塌陷现象

（3）部分槽段，尤其是小管径或雨水口连接管沟槽，槽宽较窄，夯实不力，没有达到要求的密实度。

（4）使用压路机碾压回填土的沟槽，在检查井周围和沟槽边角碾压不到的部位，又未用小型夯具夯实，造成局部漏夯。

（5）在回填土中含有较大的干土块或含水量较大的黏土块较多，回填土的夯实质量达不到要求。

（6）回填土不用夯压方法，而是采用水沉法（纯砂性土除外），密实度达不到要求。

防治措施

（1）要分层铺土进行夯实，铺土厚度应根据夯实或压实机具性能而定，依据国家标准《给排水管道工程施工及验收规范》（GB 50268—2008）规定的沟槽回填土虚铺厚度数据（表 14-5）并结合本地实际情况执行。

表 14-5　沟槽回填土每层虚铺厚度

压实机具	虚铺厚度/mm
木夯、铁夯	≤200
轻型压实设备	200～250
压路机	200～300
振动压路机	≤400

注：1. 管顶以上 50cm 范围内，宜采用木夯夯实。

2. 当管道处于道路范围内时，管顶以上 25cm 压实度要求不小于 87%，同时要求按 2 层夯实。

（2）应在充分做好管道胸腔及管顶以上 50cm 范围夯实的基础上，创造条件，尽早使用压实机械，实践证明，哪怕是轻型压实机械，也比动力夯机压实效果好，压实度高，压实度均匀，因此可以按管顶以上不同覆土厚度，使用不同吨位压实机械。

(3) 沟槽回填土前，须将槽中积滞水、淤泥、杂物清理干净。回填土中不得含有碎砖及大于10cm的干硬土块、含水量大的黏土块及冻土块。

(4) 每种土都应做出标准密度（在实验室进行土样击实试验做出最佳干容重和最佳含水量）。回填土料应在最佳含水量和接近最佳含水量状态下进行压实，每个分层都应按质量标准规定的范围和频率，做出压（夯）实度试验，直至达标为止。

(5) 铺土应保持一定的坡势，采用排降水的沟槽，一定要在夯实完毕后，方能停止排降水运行。不得带水回填土，严禁使用水沉法。

(6) 凡在检查井周围和边角机械碾压不到位的地方，一定要有机动夯和人力夯补夯措施，不得出现局部漏夯。

(7) 非同时进行的两个回填土段的搭接处，应将每个夯实层留出台阶状，阶梯长度应大于高度的2倍。

(8) 当发生局部小量沉陷，应立即将土挖出，重新分层夯实。面积、深度较大的严重沉陷，除重新将土挖出分层夯实外，还应会同设计、建设、质量监督、监理部门共同检验管道结构有无损坏，如有损坏应挖出换管或其他补救措施。

【问题226】管渠结构碰、挤变形

现象

(1) 回填管渠两侧胸腔时，人工或机械运送土方、将管带、基础管座或沟墙挤压变形，甚至造成管道中心位移。

(2) 使用推土机运送土方，压路机动力夯压（夯）实时，将管体压裂。

原因分析

(1) 回填土时接口抹管带砂浆和管座混凝土未达到一定强度；砖砌沟墙还未安装沟盖，管道及沟墙结构遇回填土的强力碰撞和侧压力而变形。

(2) 回填土时，只回填管道一侧或两侧填筑高差太大，使管道单侧受力造成管道向一侧推移，使接口抹带和管座混凝土遭到破坏。

(3) 管顶或沟盖顶以上覆土厚度小，使用机械压实，由于机械的自重和震动冲击，超过了管体或沟盖板所能承受的安全外压荷载，造成管体破裂、沟盖断裂。

防治措施

(1) 沟槽回填土工序应认真对待，是施工组织设计中的重要内容；既要保证施工过程中管渠的安全，结构不被损伤，又要保证上部修路时及放行后的安全。

（2）胸腔及管顶以上50cm范围内填土时，应做到分层回填，两侧同时回填夯实，其高差不得超过30cm；回填中不得含有碎砖、石块及大于10cm的冻土块；管座混凝土强度要达到5MPa以上，砖沟必须在盖板安装后，方可进行回填土。

（3）管顶以上50cm范围内要用木夯夯实；胸腔部位以上的回填土，当使用重型压实机械压实时或有较重车辆在回填土上行驶时，管顶以上必须有一定厚度的压实回填土，其最小厚度应按压实机械的规格和管道设计承载力，经计算确定。

（4）由于回填土夯实，所造成的管带接口、管材保护层、管座的损坏，应予修复，同时不应低于原有强度。

（5）对管道的轴线位移、管体的破裂问题，应会同设计、建设、质量监督、监理单位共同研究处治方法，一般都应返工重做。

第 15 章　管道基础、砖沟工程

15.1　平基础

【问题 227】管基混凝土未振捣

现象

管道平基混凝土浇灌后，不使用振捣器捣固，而是用脚随意踩踏或用铁锹拍打振实。管基本来就是低强度混凝土，再不加振捣，密实度不好，局部还会呈松散状态，强度会更低。

原因分析

（1）管基是属于 C15 混凝土，况且，小管径基础厚度较薄，不被重视。

（2）管基属于隐蔽工程，施工者容易偷工减序。

防治措施

（1）施工方案中应考虑，质量管理部门应检查，是否具备混凝土振捣所需要的电源和振捣设备，如因条件不具备电动或机动振捣设备，也应具有人工振捣的措施。如都未作准备，质量管理部门则不应同意开盘浇筑。

（2）拆模后，应检查蜂窝面积，如出现严重松散，应返工重做。

【问题 228】平基混凝土厚度不够

现象

混凝土平基厚度大部或局部薄于设计厚度。

原因分析

（1）槽基标高控制不准或控制不严格出现大部或局部槽底高突，平基表面设计高程不变，造成平基厚度不达标。

（2）反之，平基表面标高控制偏低，基槽设计高程不变，也同样造成平基厚度不达标。

（3）施工单位抬高槽底高程，有意偷工减料，减少混凝土用量。

防治措施

（1）在浇筑混凝土平基前，支搭模板时，要做好测量复核，复核水准点有无变化，复核槽底标高和模板（顶）弹线高程，当确认无误后，方可浇筑混凝土。

（2）对混凝土平基的表面高程，在振捣完毕后，要用标高线或模板顶或模板上的弹线仔细找平，核对标高。

（3）应加强隐蔽工程验收工作，槽底高程、平基顶面高程、平基中线每侧宽度，都是必须经实测实量检查验收不可缺少的工作。

【问题229】平基混凝土强度未达到规范要求

现象

平基混凝土浇筑后，未达到规范要求的最低强度便安装水管。混凝土被管子滚压和用撬棍操作时损坏。

原因分析

施工者不了解规范对混凝土平基上安管所要求的最低强度，或因抢工期不顾混凝土是否达到要求强度。会造成混凝土平基边缘掰裂，表层松散减少厚度，还有可能造成局部断裂，或局部整体性损坏，破坏管基的整体性，不易被发现，留下永久性隐患。

防治措施

（1）一定要按规范要求，平基混凝土抗压强度应大于5.0N/mm^2（50kgf/cm^2）方可进行安管。

（2）如果工期要求过紧，可采用速凝水泥或普通水泥加速凝外掺剂，或提高混凝土标号，必须达到要求的最低强度再安管。

（3）如何掌握混凝土达到5N/mm^{2}的抗压强度，必须留置同条件养护试块，根据不同强度等级的混凝土在不同气温下强度增长规律，届时通过试验室检验试块，以确定之。

【问题230】浇筑混凝土平基不合格

现象

在基槽内有积水或槽底在地下水位线以下，混凝土平基在泥水中浇筑。在泥水中浇筑混凝土，水泥将被稀释流失，同时混凝土中易掺入泥浆，混凝土将大大降低强度，甚至强度为零。

原因分析

（1）槽内灌入的雨水或其他客水流入槽内，未排除干净。

（2）基槽底本在地下水位线以下或有浅层滞水，没有采取降水或排水措施，或已采取但措施不力，未将积水排除干净。

防治措施

（1）应根据设计提供的或探查掌握的地质水文资料，如槽底在地下水位线以下，应采取排降水措施，使地下水位降至槽底面以下 0.5m 以上。

（2）如有浅层滞水，应加大槽底工作宽度，加设排水沟排水。

（3）如有雨水或其他客水流入槽内，应彻底排除干净，清净淤泥，保证干槽施工。

【问题 231】平基未凿毛，管座与平基之间夹土

现象

浇筑管座前，平基上不凿毛，而且平基上经过踩踏、槽外向平基上溜土、风吹入杂物、浇筑混凝土管座时不予清除，这些土和杂物均夹在了平基与管座之间。平基和管座是要求结合在一起，形成整体受力。平基不凿毛，反而夹带土和杂物，达不到整体受力效果，降低管道使用寿命。

原因分析

施工时不重视凿毛和清理工序，怕麻烦，偷工减序；或施工者不懂得管基和管座应该需要连接在一起，共同受力的原理。

防治措施

（1）要严格管理，加强技术教育，使施工者知道平基与管座整体受力的原理。

（2）要求按规范规定，在灌注混凝土管座前，应先将平基凿毛冲净。

【问题 232】管座跑模

现象

管座肩宽形成宽窄不一，肩高高低不一，呈波浪形，许多点严重超过标准允许偏差值。

原因分析

（1）模板的强度、刚度不足。

（2）木模板支撑少，或支撑不牢；钢模板接口处卡锁不牢，当混凝土灌注和振捣时，其侧压力使模板向外推移，使模板出现局部变形或错位。

（3）模板虽支搭较牢，但由于混凝土灌注落差较大，将模板推挤移位。

防治措施

（1）模板和支撑结构应具有足够的强度、刚度和稳定性。特别是支杆的支撑点不应直接支在土层上，应加垫板或桩木，能可靠的承受混凝土灌注和振捣

的重力和侧向推力。

（2）向沟槽内倾落混凝土时，其自由倾落高度不应超过2m。如可能发生离析时，应用串筒、斜槽、溜管下落。

（3）如下落高度有倾砸模板的可能时，不应直接倾入模板内，应先下落至管顶，再溜入模板内。

（4）如已浇筑的管座，出现与管体脱节现象，应该返工处理，保证管座与管体严密结合。

【问题233】管座混凝土蜂窝孔洞

现象

混凝土管座局部松散、砂浆少、骨料多，骨料之间出现空隙，严重时出现孔洞。混凝土的主要作用是承受压应力，如果出现蜂窝孔洞，虽然可以修补，但其整体性及整体强度，会有所降低，面积越大影响越大，且极影响外观质量。

原因分析

（1）局部混凝土配合比或计量错误，造成砂浆少、骨料多。

（2）混凝土搅拌不均匀，和易性差，难以振捣密实。

（3）没有按操作规程浇筑混凝土，下料不当，使混凝土离析，骨料集中，局部振不出水泥浆。

（4）没有分段分层捣固，振捣不实，或下料与振捣配合不好，有漏振现象。

（5）模板支搭不牢，振捣时模板移位，或模板缝隙过大，造成漏浆，出现蜂窝。

防治措施

（1）在整个搅拌过程中，配合比及计量要准确，必须按重量比计量。

（2）混凝土要搅拌均匀，颜色一致。

（3）混凝土自由倾落高度不应超过2m；深槽垂直运送混凝土应采用串筒、溜管或溜槽。

（4）捣实混凝土拌和物时，插入式振捣器的移动间距不应大于作用半径的1.5倍。为保证上下层混凝土结合良好，振捣棒应插入下层混凝土5cm。

（5）混凝土的振捣应分层进行，浇筑的层厚不应超过振捣器作用长度的1.25倍。

（6）混凝土出现小蜂窝时，可先用水冲洗干净，然后用1：2水泥砂浆修补压实抹光；如果是大蜂窝，则先将松动的骨料和突出的颗粒剔除，用清水冲洗干净，再用强度高一级的豆石混凝土浇筑捣实，并加强养护。

（7）有条件的地区应尽可能使用商品混凝土，因商品混凝土属工厂化生产，其机械化、自动化水平高。生产出的混凝土其配合比、均匀度、和易性、流动性均会好于简单机械的搅拌质量，能进一步保证浇筑质量。

15.2　土、砂及砂砾基础

【问题234】槽底不平、砂基不规范

现象

（1）控制槽底土基高程不认真，不严格。对超挖、扰动的土基未作认真处理和夯实，致使密实度不均匀，受力后将会产生不均匀沉降。

（2）由于槽基不平，砂基厚度也会薄厚不一致。槽基不平，密实度不均匀，会造成管道局部跨空，在管道覆土和地面荷载的压力下会造成管道局部损坏，甚至折裂。如果因沉降造成局部相对高程的偏差，还会出现管道的局部段反坡。

（3）还有的甚至不铺砂基，不能调整槽基平整度。

原因分析

（1）对新的施工工艺学习不够、交底不清，不了解砂基均匀、密实、平整对管道合理受力的重要性。

（2）因属新工艺，又是隐蔽工程，所造成的不良后果，尚未引起人们的重视。

防治措施

（1）柔性基础强度（密实度）的均匀性对管道合理受力的重要性，应使施工管理人员和操作人员清楚，做好工艺技术交底，使他们能自觉遵守，认真操作。

（2）施工过程要严格管理，做好土基高程、砂基厚度、平整度、密实度的工序验收把关。

【问题235】管道支承角不符合要求

管道下的设计支承角（图15-1）：管道下的支承角是随着不同管材、不同管径、不同水文地质情况、不同管顶覆土，其设计支承角不同。如管材强度高、水文地质状况好、管道覆土浅，支承角便小，反之，支承角便大。

现象

管道设计支承角 $2a+30°$，从60°（混凝土管）～180°（埋地塑料管），在这个范围不能保证材料的规格质量，不保证其密实度质量，就不能保证管道的合理受力，管道在使用的限期内就会出问题，压裂、漏水、堵塞，会降低使用寿命。

图 15-1　管道支承

原因分析

（1）设计交底不清或未进行交底，施工人员对管道下支承角的作用不理解，施工中未予理会。

（2）施工人员清楚应该做，但因需要另备中粗砂，需要做认真塞实工作，因怕费料、费工，不愿做，偷工减料，无人进行管理。

防治措施

（1）提高认识，重视管道支承角，对管道施工质量的重要性，关乎使用寿命的重要性。

（2）设计所给定管道支承角范围，必须用中粗砂作重点夯实，其支承角的大小，应严格按设计要求执行。

15.3　砖砌管沟

【问题 236】砌筑砂浆不饱满，砂浆与砖粘结不好

现象

砖为六面体，被砌筑的是五个面，五个面中有空穴或粘结不好的，其面积越大对砌体结构的整体强度影响越大。作为沟墙，是承受地面传来的垂直压力和墙外土的侧向压力的，在薄弱部位有被挤压产生裂缝，甚至有被压垮的可能性。沟墙孔隙会造成沟墙洇漏水，侵蚀砖体结构。

原因分析

（1）拌成的砂浆和易性差，砌筑时挤压费劲，操作人员铺刮砂浆后，使底灰产生空穴。

（2）铺浆后，光揉不挤，造成竖缝空无砂浆。

（3）用干砖砌筑，砂浆水分被干砖吸收，砂浆失去塑性，无法揉挤；干砖表面的粉屑起隔离作用，削弱了砖与砂浆的粘结。

（4）铺灰距离长，砌砖速度跟不上，砂浆中的水分被底砖吸收，使砌上的砖面与砂浆失去粘结力。

防治措施

（1）改善砂浆的和易性，使砂浆符合规定的流动性要求，一般应为7～10cm。

（2）不应采用长距离铺浆、摆砖砌筑的方法，应采用“三·一砌砖法”即一铲（大铲）灰，一块砖，一揉挤的砌筑方法。严禁用水冲浆灌缝，应用流动性好的砂浆灌严砖缝。

（3）常温季节严禁用干砖砌墙，砌筑前应将砖洇透，使砌筑时砖的含水率达到10%～15%，不得有干心现象。冬期施工不洇砖，可适当加大砂浆的流动性，采用加食盐的抗冻砂浆。

（4）砂浆不饱满，出现孔洞时必须拆除重新砌筑。

【问题237】砖砌壁面裂缝漏水

现象

砖砌构筑物使用后，砖壁出现开裂，沿裂缝渗漏水。

原因分析

（1）在软土地基上构筑物下地基处理不当，发生不均匀沉降，使池（井）壁承受较大水平力。

（2）设置在道路上的砖砌体井壁在车辆反复作用下，承受较大的竖向压力，施工质量和材料强度不能满足要求，砖或砂浆材质差，水泥安定性不好；砖砌体内通缝、重缝较多。

（3）壁面粉刷未按分层要求，一次性粉刷过厚，造成粉刷层收缩开裂。

（4）养护工作为做好，使砌体内水分挥发过快，产生干缩裂缝。

防治措施

对于砖砌构筑物裂缝漏水，先调查漏水原因，做好观察工作。对于不影响结构安全的裂缝，可凿去面层粉刷，用水泥砂浆、树脂砂浆等堵抹，再用防水砂浆重新粉刷。对于影响安全使用的结构性裂缝，应会同有关设计部门，提出适当的加固补强措施。

（1）加强构筑物下的地基勘探工作。对于较复杂的地基环境必须进行钎探。如发现确实软弱部位，应进行适当的加固处理。

（2）禁止采用碎砖或有裂缝变形的砖，砖的尺寸偏差小于5mm，砂浆强度不得低于M10。中粗砂平均粒径为0.3mm，含泥量不得大于3%。

（3）砌体宜采用“三顺一丁”或“一顺一丁”的砌法，浇水湿润，灰缝饱满一致。

（4）壁面粉刷要分层，不得一次粉刷过厚。各层接缝应相互错开，面层抹完后应压实并压光。

（5）当壁较厚时，可适当加强构筑物的结构刚度，以提高构筑物抵御地基不均匀沉降及承载能力。

（6）砌体砌筑完成后应随即进行湿润保温养护，时间不少于一星期。

第16章 管道安装（铺设、接口）

16.1 混凝土管道铺设

【问题238】中线位移超标

现象

管道安装后，局部管节发生超过标准的位移，造成管道直顺度出现偏差。一旦管座混凝土形成，管道出弯、错口将会造成永久性缺陷，降低外观质量和量测质量。

原因分析

（1）安管一般多挂边线，高度是在管子半径处，即在管外皮180°处，如果挂线出现松弛，发生了严重垂线，就会造成井段中部出缓弯。

（2）安管时，支垫不牢，在支搭管座模板或浇筑管座混凝土时，受碰撞变位未予矫正。

（3）浇筑混凝土管座时，单侧灌注混凝土高度过高；侧压力过大，将管推挤移位。

（4）管道胸腔回填土时，单侧夯填高度过高，土的侧压力推挤管子位移。

防治措施

（1）采用挂边线安管，管子半径高度要丈量准确，线要绷紧，安管过程中要随时检查。

（2）在调整每节管子的中心线和高程时，要用河光石或石块支垫，并要支垫牢固，不得松动，不得用土块、木块和砖块支垫。

（3）规范规定：在浇筑管座前，要用管座混凝土同标号的水泥砂浆，将管子两侧与平基相接处的三角部分填满填实后，再在两侧同时浇筑混凝土。

（4）在管道胸腔回填夯实时，管道两侧应同时进行，其高差不得超过30cm。

【问题239】管道反坡

现象

整段管道坡度形成反坡状况（图16-1），或个别管节漂起，造成局部管段壅水。

图16-1 坡度问题

原因分析

(1) 整段反坡，一种是测量错误，误把下游当上游。另一种是新管线接入旧干管时，因对旧干管高程核测条件困难没有进行核测，而是抄录旧于管竣工图上的高程，而竣工图上的高程低于实际高程，当上游管线全部做完，按此高程底平相接接入时，才发现接入高程低于实际高程，造成整段反坡接入。再一种情况是，当旧管引入新管时，在核测旧管线的检查井井底高程时，井底有杂物，塔尺未戳到流水面，新管线按此高程施工，结果旧管线的水流不入新线，造成下游管线高于上游管线。

(2) 局部或个别管节“漂起”，即浇筑管座时，由于部分混凝土坍落度过大，灌注速度过快，使个别或局部段管节漂起。

防治措施

(1) 测量工作要坚持复核制度。对于新管线接入旧管线，还是旧线的水引入新管，都必须将旧管线的流水面标高通过实测的方法来确定，对于核测工作所存在的障碍，要坚决地采取经济的和技术的措施，必须实测出有把握的高程数据，不能以竣工图上的高程为准。竣工图上的资料只能作参考。

(2) 浇筑管座时，混凝土坍落度不宜太大，如使用预拌混凝土，不能降低坍落度时，应放慢浇筑速度，降低每次浇筑厚度。如因条件限制，必须加快速度时，也可采取限制管子上浮的措施。

【问题240】管道内底错口

现象

在管道内底对口处，两管口出现相对高差（错台）造成管内底不平顺。

原因分析

（1）管壁厚度有薄有厚，正误差和负误差在对口处产生相对错口。

（2）安管时，因混凝土平基不平，恰遇管子接口处出现相对高差，使接口处形成错口。

（3）浇筑混凝土管座时，由于每次浇筑的速度，层厚和振捣状态不同，造成个别管节上浮，出现错口。

防治措施

（1）施工单位应把住进场管材的质量检验关。对于个别规格超标，如管壁厚度偏差过大的管材，在详细掌握平基标高情况的前提下，采用对号入座的办法安管，以减少错口现象。

（2）应认真核测管基的高程，将基础顶面控制在0～－10mm之间。混凝土顶面成活时，要按两侧模板的高程控制线控制好顶面平整度。

（3）浇筑混凝土管座时，往模板内输送混凝土应徐徐注入。沟槽深度大于2m时，应采用串筒或溜槽，要注意慢速、层薄，防止管节浮起。

【问题241】备管不封堵

现象

干、支线检查井，常为规划拟建新区、新厂、新支线或为拟接入的户线预留支线（有一定长度或至红线边，上游不砌井），或预留备管（一节管）支线的上游管端和备管的下游（检查井内）管口，在暂不接入支、户线之前应封堵而未封堵（图16-2）。

原因分析

（1）雨污水的预留支线和备管如不封堵，当管道通水后管内水位升高或出现满流，水就会浸泡管端以外的泥土，随着水位的升降，泥土就会屡屡被冲刷流入管内，一则淤塞管道，二则引起管端以上的地面塌陷，会危及地面构筑物的安全。

（2）地下水流入管道，增大管道的流量，污水管会增加污水处理厂的处理量。

图16-2　封堵后的管口

防治措施

（1）所有涉及此项的标准、规范上均明确规定，对预留支线在管端部位砌砖，并从外面用水泥砂浆抹面，对备管可从井内管口用同样方法封严密。

（2）质量检查人员和竣工验收人员应注意检查，弥补遗漏。

【问题242】管道前进方向受阻

现象

在开槽施工或顶管施工中，当管道已铺设或顶进一定段落时，前进方向出现了原有构筑物的标高矛盾，如污水、煤气、给水等，不能挪移，逼迫在施管道压扁断面（即把局部管段圆管变为矩形方沟）或降低高程（采用倒虹吸通过）。

原因分析

（1）多数因设计者对设计管线地面下的现状管线未进行调查，盲目设计；或虽经调查，工作粗糙，未查清。

（2）施工单位在学习设计图纸、勘察现场等施工准备中和在设计交底时，也未将路面下现状管线的实际高程探查清楚。

（3）施工进行中碰到了障碍，设计、施工、设施管理单位，没有坚持压力流让重力流的意见，重力流迁就了压力流。

（4）压扁成矩形方沟，大管压成多孔小管，其净高小于70cm时，检查和疏通时检查人员和施工人员难以通行。小管径压扁更增加了疏通的困难。凡断面形式有变化，流速便有变化，易造成压扁沟段附近的淤塞。

(5) 如果形成污水管倒虹吸，且又难以满足倒虹吸所具备的技术条件，使流速会大大降低，降低管道的宣泄能力且易造成堵塞。如果雨水形成倒虹吸(雨水倒虹吸极少见)，因径流排入管道，挟带大量泥砂和杂物，雨季在倒虹吸处很易堵死。

防治措施

(1) 首先是施工单位，在接到设计图纸后和设计交底时，一定要向设计人员了解设计勘察的情况，看设计人员对地下构筑物是否了解得清楚，如不清楚，施工单位要做进一步勘察，必要时要进行刨查，发现问题，提供给设计人员，对不能挪移的，要提前变更设计，避免高程矛盾。对于可以挪移的，必须坚持压力流让重力流的原则。

(2) 如果碰到障碍物，被迫进行压扁时，应考虑压扁段在断面形式上和坡度上，要保证自清流速和不降低设计流量。压扁段上下游要做渐变段，防止壅水降低流速，防止阻挡杂物造成淤塞。

16.2 混凝土管道接口

【问题243】 刚性接口抹带空裂

现象

雨污水管接口部位的水泥砂浆和钢丝网水泥砂浆抹带，横向和纵向裂缝并空鼓，甚至脱落(图16-3)。

图16-3 直径400mm混凝土排水管端部存在破损现象

原因分析

(1) 抹带砂浆的配合比不准确，和易性、均匀性差。

(2) 因管口部位不净或未刷去浆皮或未凿毛，接口处抹带水泥砂浆未与管皮粘结牢固。

(3) 接口抹带砂浆抹完后，没有覆盖或覆盖不严，受风干和曝晒，造成干缩、空鼓、裂缝。

(4) 冬期施工抹带，没有覆盖保温，或覆盖层薄，遭冻胀，抹带与管皮脱节。或已抹带的管段两端管口未封闭，管体未覆盖，形成管体裸露，管内穿堂风，管节整体受冻收缩，造成在接口处将砂浆抹带拉裂。

(5) 管带全厚，只按一层砂浆成活，太厚。或水灰比太大，造成收缩较大，裂缝。

(6) 管缝较大，抹带砂浆往管内泄漏，便使用碎石、砖块、木片、纸屑等杂物充填，也易引发空鼓裂缝。

防治措施

(1) 水泥砂浆接口抹带和钢丝网水泥砂浆接口抹带对于不小于 700mm 的管道，管缝超过 10mm，抹带时应在管内接口处用薄竹片支一垫托，将管缝内的砂浆充满捣实，再分层施做。

1) 水泥砂浆接口抹带。

①抹带前，管径不小于 600mm 的管子，抹带部分的管口应凿毛；管径小于 600mm 的管子抹带部分的管口应用钢刷刷去浆皮，洗刷干净，并刷水泥浆一道。管径大于 400mm 时，应分两层抹压，第一层为管带厚的 1/3，压实与管壁粘结牢固，表面划成线槽，待抹第二层时以便粘结。管径不大于 400mm 时，可一次抹成。

②待第一层初凝后，抹第二层，并用弧形抹子捋压成型，初凝后再用平抹子压光压实。

2) 钢丝网水泥砂浆接口抹带。

①钢丝网为 20 号 10mm×10mm 网眼，无锈、无油垢，按规定宽度和长度事先截好。

②抹带前先将抹带部分的管口外壁凿毛，洗刷干净，刷水泥浆一道。

③在浇筑混凝土管座同时，将钢丝网按设计规定位置插入混凝土管座，深度 10cm，在插入管座混凝土的部位，另加适量抹带砂浆，认真捣固。

④在管带的两侧安装好弧形边模。

⑤抹第一层水泥砂浆厚为 15mm，并压实，使与管壁粘结牢固。然后将两片钢丝网包拢，搭接长度不小于 10cm，用铅丝扎牢。

⑥待第一层水泥砂浆初凝后，抹第二层水泥砂浆厚为10mm，与边模抹平，初凝后赶光压实；如需加第二层钢丝网时，边模应加高，最后一层水泥砂浆再与边模抹平。

⑦一般在4～6h时拆模，拆模时应轻敲轻卸，防止碰坏边角。

(2) 抹带完成后，应立即用平软材料覆盖，3～4h后洒水养护。

(3) 冬期施工的水泥砂浆抹带，不仅要做到管带的充分保温，而且还需将管身、管段两端管口、已砌好检查井的井口，加以覆盖封闭保温，以防穿管寒风和管身受冻使管节严重收缩，造成管带在接口处开裂。

(4) 冬期施工拌和水泥砂浆，应用小于80℃的水、小于40℃的砂。如对砂浆有防冻要求时，拌和时应加氯盐，根据气温的高低，按2%～8%掌握；也可加防冻剂。

(5) 在覆土之前的隐蔽工程验收中，必须逐个检查，如发现有空鼓开裂，必须予以返修。

【问题244】刚性接口抹带砂浆突出管内壁（灰牙）

现象

从管段一端管口用手电筒或反光镜（用两面小镜子，一面在地面上将阳光反射到管口处另一面镜子上，该面镜子的光线直射管内的方法）检查小管径管道（ϕ600mm以下）时，出现在管子接口处有突出管壁的砂浆瘤。一般高出管壁1～3cm之间，最大的有5cm以上的。

原因分析

(1) 不大于600mm小管径的管子，在浇筑混凝土管座和接口处水泥砂浆抹带的同时，其管座混凝土中的砂浆和接口抹带砂浆通过管口接缝流入管内，并突出管内壁。

(2) 在浇筑管座和抹带的同时，未按规范要求采取消除灰瘤子的措施。

防治措施

(1) 管径不大于600mm的管道，在浇筑管座混凝土和抹带的同时，配合用麻袋球或其他工具在管道内来回拖动，将流入管内的砂浆拖平。

(2) 管径不小于700mm的管道，在浇筑混凝土管座和抹带后，在混凝土和砂浆终凝前，应配合勾抹内管缝。

【问题245】钢丝网与管缝不对中，插入管座深度不足，钢丝网长度不够

现象

(1) 钢丝网水泥砂浆抹带（图16-4）安放钢丝网时，钢丝网中线与管缝严

重偏离。钢丝网中心偏离管缝太多，使管缝处所对的是管带边缘，结构偏薄、偏弱，承受内压的强度降低，易造成破裂漏水。

图16-4　雨水管钢丝网水泥砂浆抹带

（2）在浇筑混凝土管座时，在接口处所插入的钢丝网深度太浅。钢丝网插入管座的深度不足或搭接长度不够，易造成管带与管座相接处或钢丝网在管顶搭接处，抗拉伸的强度不足，因内压拱裂、漏水。

（3）两段钢丝网片搭接长度不够，或根本搭接不上（图16-5）。

图16-5　两管之间的间隙为40mm，重新安装后的间隙满足规范要求

原因分析

（1）钢丝网插入混凝土管座的位置，本来就放偏、深度就放浅，或捣实时将钢丝网挤偏、挤歪或上浮，未予及时调正。

（2）钢丝网搭接长度不够，一般是计算错误，下料长度不够，或插入管座过深，影响了搭接长度。

防治措施

（1）选用网格10mm×10mm、丝径为20号的钢丝网。

（2）钢丝网水泥砂浆接口抹带按程序施工，钢丝网向管座内安插和捣固时要随时检查，钢丝网的相对位置和插入深度，注意随时调正。

（3）钢丝网端头应在浇筑混凝土管座时插入混凝土内，在混凝土初凝前，分层抹压钢丝网水泥砂浆抹带。

【问题246】大管径雨水管接口不严

现象

大管径雨水管接口中有较大孔隙（图16-6和图16-7），管身在地下水位中，或在雨季地下水位升高超过管内底高程时，从接口孔隙处向管内冒水。

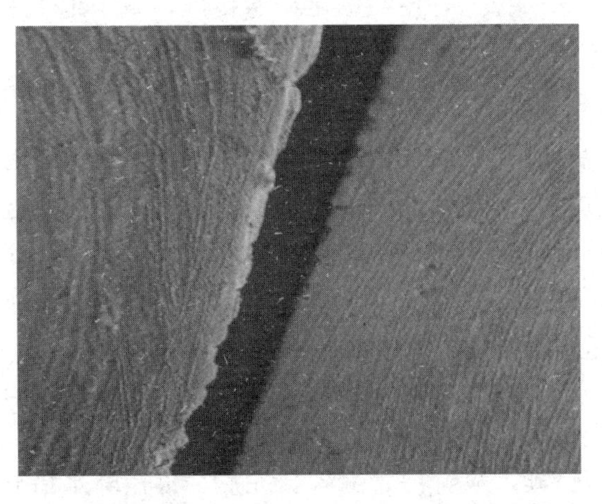

图16-6　承插口管道缝宽超标

原因分析

（1）刚性接口的平口管回填土时，遗漏了空鼓裂缝的外管带，地下水通过外管带的薄弱环节冒入管内。

（2）外管带和内管缝未同步勾抹，管缝内的砂浆不密实，因已凝固，内管缝的砂浆也不易勾抹平整、密实。

图16-7　雨水管道接口破损，橡胶圈扭曲

（3）刚性接口的企口管，未按设计要求，将外管缝用1∶2水泥砂浆填塞饱满，勾缝时未压实；内缝未起到捻缝作用，同时勾捻缝后养护不够，出现干缩裂缝，构成了地下水流入管道的通道。

（4）在内管缝未勾抹前，便撤消了降水措施，由于地下水位的水压大，已经从外管缝向管道里渗漏水，致使内管缝不能正常施作。

防治措施

（1）按“水泥砂浆接口抹带”的要求，切实把每条管带抹好，管带中心要与管缝相对，并应覆盖湿养达到一定强度后，再行回填土。还土前，要对逐条管带进行检查，不能使空鼓裂缝者遗漏。

（2）在外管带终凝后，应立即勾抹内管缝，勾抹内管缝前，要搂缝，使管内缝具有一定深度，以便砂浆嵌入缝内牢固，要勾严压实。

（3）企口管的内外管缝可同步进行填塞勾捻。平口、企口管在浇筑管座部位，更应在管座浇筑的同时完成此部分的勾捻内缝。

（4）如有降水措施，应待内管缝勾抹完后，再撤降水措施，管外底如遇流砂层，应考虑采用石棉水泥（重量比：石棉∶42.5水泥∶水＝3∶7∶1～1.2）打口和膨胀水泥（重量比：膨胀水泥∶中砂∶水＝1∶1∶0.3～0.39）捻口。

【问题247】抹带砂浆质量不稳定

现象

砂浆配合比不准确，匀质性差，强度波动较大。接口抹带的砂浆质量不稳定（图16-8），薄弱部分易空鼓开裂，甚至脱落；即使当时不开裂、不脱落，如果局部强度不足，回填夯实时也易损坏，造成管道漏水或地下水进入管道。

图16-8 管道接口凿毛

原因分析

（1）影响砂浆强度的主要原因，是配合比不准，掺拌用料不作计量，即便使用体积比，也是用铁锹凭经验计量。

（2）砂浆搅拌不匀，人工翻拌遍数不够。机械搅拌加料顺序颠倒，水泥分布不均匀，影响砂浆的均质性和和易性。

（3）采用的砂质量不合格，使用了就地挖槽取出的含泥量很大的粉砂。

防治措施

（1）接口砂浆配合比应符合设计规定，即按重量比水泥：砂为1∶2.5，水灰比一般不宜大于0.5。

（2）严格检验砂浆拌和物的用料，水泥宜采用42.5级，砂子采用中砂并应过2mm筛子，含泥量不得大于2%，应计量准确，不得采用随意加水或加水泥的方法来改善砂浆的和易性。

（3）机械搅拌砂浆，应先加砂子，后加水泥，当水泥和砂子搅拌均匀后再加水，总的搅拌时间一般在1～1.5min。人工搅拌应在铁盘上或其他不渗水的平板上进行，先采用干三湿三法，如砂的含水量较大，不易拌和均匀时，应增加拌和遍数，达到均匀，色泽一致。

【问题248】柔性接口不严密

现象

柔性接口污水管道，在闭水时，接口出现渗漏现象。

原因分析

（1）管材承、插口工作面不平整，或工作面上有泥土或杂物未清除干净，使橡胶圈与承口或插口之间有空隙。

（2）橡胶圈与管材插口不配套，橡胶圈松紧度不合适，太松，安装后，橡胶圈与插口之间有缝隙或太紧，安装时，橡胶圈被拉出裂缝。

（3）橡胶圈上有缺陷，如截面粗细不均，质地偏硬，或有气泡、裂缝、重皮等现象，由其缺陷处漏水。

（4）承、插口的间隙过大或承、插口圆度不一致，局部间隙过大，橡胶圈截面不足以将全周长范围内胀严间隙。

（5）撞口时，由于胶圈受力不均，出现扭曲，局部出现过松或过紧状况。

防治措施

（1）管材承插口密封工作面应平整光滑，接口的环形间隙应均匀一致。胶圈截面直径应与接口环形间隙配套。胶圈应由管材供应厂家配套供应，应作好管材和胶圈的进场检查验收工作。

1）对胶圈的外观质量，应检查截面粗细是否均匀，质地是否柔软，有无气泡、裂缝、重皮缺陷。

2）胶圈的物理性能，应根据标准要求对接口橡胶圈物理性能作必要指标的复试。

3）应根据管径与接口环形间隙，检验胶圈环径与胶圈截面直径。

（2）接口前，应将承口内部和插口外部清刷干净，将胶圈套在插口端部。胶圈应保持平正，无扭曲现象。

（3）对口应符合下列要求：

1）将管子稍吊离槽底，使插口胶圈准确地对入承口的锥面内。

2）利用边线调整好管身位置，使管身中线符合设计位置。

3）认真检查胶圈与承口接触是否均匀紧密，不均匀时，应进行调整，使胶圈准确就位。

4）安装接口的机具，其顶拉能力应能满足所施工管径能良好就位的要求。

5）安装接口时，顶拉设备应缓慢，并设专人检查胶圈就位情况，如发现就位不匀，应停止顶拉，将胶圈调整均匀后，再继续顶拉，顶拉就位后，应立即锁定接口。

（4）对接口的严密性，应在未砌井时，按闭气标准先进行闭气检验，如闭气不合格，便于返工整修。如闭气合格，再行砌井，再作带井闭水，一般应无问题。

16.3　钢排水管、波纹管安装

【问题249】管道位置偏移或管内积水问题

现象

管道位置偏移或管内有积水现象。

原因分析

测量差错、未按设计要求及规范施工、意外避让原有构筑物，在平面上产生位置偏移，出现倒坡现象。

防治措施

（1）施工前认真按施工测量规范和规程进行交接桩复测与保护。

（2）施工放样要结合水文地质条件，按照埋置深度和设计要求以及有关规定放样，且必须进行复测检验其误差符合要求后才能交付施工。

（3）施工时要严格按照样桩进行，沟槽和平基要做好轴线和纵坡测量验收。

（4）施工过程中如意外遇到构筑物须避让时，应在适当的位置增设连接井，其间以直线连通，连接井转角应大于135°。

【问题250】钢管焊接质量问题

现象

焊缝有气孔、咬边、弧坑、焊瘤等表面缺陷、焊缝外观成型不美观（错口、飞溅、焊缝不直、高低不平）、焊接变形、工件上有焊疤、焊口渗漏。

原因分析

（1）焊条受潮，没按规定烘烤。

（2）焊缝及两侧油、水、锈处理不到位。

（3）焊后清理不到位。

（4）焊工技能达不到要求。

防治措施

（1）加强现场焊接管理，按规定进行焊条烘烤保温，焊条保温筒不得敞盖使用。不得使用药皮开裂、剥落、变质、偏心或焊芯严重锈蚀的焊条。

（2）清理坡口及两侧20mm油、锈、水及杂质。

（3）严格遵守焊接工艺纪律，按合格的工艺评定加工坡口、组对间隙。

（4）焊后及时清除焊渣药皮、飞溅物等。

（5）加强焊工培训，熟练掌握操作技术，正确运条，焊工考试，合格焊工持证上岗。

(6) 严禁在焊道以外的地方打火、引弧，若在工件上点焊临时支架，工卡具拆除后，及时将焊疤、焊迹打磨干净。

(7) 合理安排焊接顺序减小焊接变形；下料时预留焊缝收缩余量；采用反变形或刚性固定法。

(8) 焊接时应避免风吹雨淋等恶劣环境的影响，当环境温度低于0℃以下时，焊口进行预热。

(9) 正确选择焊接电流和焊条，操作时焊条角度要正确，并沿焊缝中心线对称和均匀地摆动。

(10) 承插焊口要焊接两遍以上，且每遍接头应错开。

【问题251】钢管防腐质量问题

现象

(1) 管道表面锈蚀。

(2) 油漆脱落。

(3) 表面油漆流淌、起泡、剥落。

原因分析

(1) 除锈达不到标准要求，工件表面有浮锈。

(2) 焊接处漏刷防腐漆。

(3) 油漆质量不合格。

(4) 雨雪天作业。

防治措施

(1) 管道表面锈蚀防治措施。

1) 按技术标准要求除锈，达到除锈合格标准。

2) 用动力机械除锈法（如：喷砂除锈、动力钢丝刷等工具)。

3) 除锈后及时涂装，避免雨雪侵蚀。

(2) 焊接处漏刷防腐漆防治措施。

1) 焊接处检查结束后及时涂装。

2) 加强隐蔽前的检查，防腐合格后再隐蔽。

(3) 面漆或补漆处颜色不一致，不均匀防治措施：

1) 采用同一品种的面漆，不同施工单位要采用同一厂家的同批号面漆。

2) 涂刷遍数和涂刷层数要达到技术要求的规定。

3) 油漆稠度要合适，每层涂刷厚度要符合要求。

(4) 表面油漆流淌、起泡、剥落，防治措施。

1）涂装前要检查除锈质量是否达到标准。

2）涂装前仔细阅读说明书，要注意涂料操作温度和其他操作要领，避免违规作业。

3）避免雨雪天作业。

4）涂料的稠度要适当。

5）涂装表面达不到要求的，要重新涂装。

（5）油漆不合格防治措施。

1）使用的油漆材料及其他混合剂，都应有出厂合格证。无合格证的油漆不能用到工程上。

2）由于保管不当或其他原因，造成油漆及其配合材料过期、变质和污染的不能使用。

【问题252】管道保温质量问题

现象

（1）管道内介质有温度明显下降。

（2）保温层厚度不够，保温表面质量粗糙不平，存在空鼓、松动、不严密。

（3）保温材料受潮或进水。

（4）保温节点处理不到位，弯管处缺少伸缩缝，支架处保温层被挤裂。

（5）瓦块，管状，板式保温材料绑扎不牢，保温材料脱落；罩面不光滑，厚度不够；保温层外表皮温度过高。

（6）聚氨酯发泡外溢，外保护材料粘贴不牢，聚氨酯发泡不密实有坑洞，聚氨酯脆性大，聚氨酯表面碳化。

（7）热力站设备与管道保温，异形件及弯管部分保温表面平整度超过标准或保温表面被拉裂；阀门和法兰处保温影响阀门和法兰的操作维修；保温材料脱落。

原因分析

（1）保温材料性能达不到设计要求。

（2）材料选厂，材料进场验收把关不严。

（3）保温层的搭接方向不对，保温层被破坏，保温层表面的油漆未涂刷严密。保温材料规格不合适；包裹时用力不均匀。

（4）施工交底不清，未按施工工艺严格施工。

（5）保温材料质量低劣；保温材料配合比不当，瓦块强度不够；绑扎保温材料时，放置的方法不对，使用铁丝过细，间距不合适，缠绕方式不对。

（6）外护表面污垢清理不到位，外护材料粘贴、捆扎不牢造成发泡外溢；

发泡料质量达不到标准要求；发泡料用量计量、配比不准确，造成填充不满，聚氨酯脆性大；模具没预留出气孔；操作坑不能满足保温操作的空间要求。

（7）管道保温未按工艺标准要求将异形件和弯管部分的保温材料断开，留出伸缩缝，填以有弹性的石棉绳，外保护壳未按要求留出可伸缩的缝隙；保温材料在阀门和法兰处太满；保温立管长度较大时未设置托盘。

防治措施

（1）加强管理，严把材料进场验收关。

（2）材料进场实测厚度；保温层施工时应先做样板段，实测厚度合格后再要求依此操作；加强操作中的实测实量，发现不合格的及时返修。

（3）检查保护层的搭接方向和搭接尺寸；油漆要涂刷严密；加强成品保护。

（4）交底要明确，加强施工管理，作好样板，规定伸缩缝的道数、缝宽、填充材料及位置等，供料和检查要到位。

（5）保温材料的密度、强度、厚度、导热系数、含水率应符合设计、规范规定；保温材料同层应错缝，上下应盖缝，缝隙之间用其他保温材料或石棉填充密实；弯头处及膨胀拐角处，应留出伸缩缝，用保温填充材料填充密实；罩面材料应严格按配合比进行搅拌，抹面结合密实保证保温厚度；在阀门、固定支架等处要留出100mm的间隙不做保温，并抹成60°斜坡。

（6）选择符合质量标准的聚氨酯发泡剂；各道工序按规范要求操作，并严格检查；计算用量，配比准确。

（7）保温做到离法兰盘边80～100mm处，并应做出45°斜口，安装中加强检查；正确选定保温方式；镀锌铁丝必须单圈捆绑，不可沿管道方向缠绕；在较长立管保温时，应用镀锌铁皮或铁丝制作支撑托盘，焊固在钢管上，以支撑保温材料的重量。

【问题253】管道不直、阀门设备歪斜

现象

管道不顺直、阀门设备安装歪斜。

原因分析

沟槽不平整，坡度不符合要求，管道对接错边，管道断面加工不垂直；法兰安装倾斜，不垂直，法兰螺孔位置不对；补偿器预先安装。

防治措施

施工时沟底垫层按要求铺垫，管道对口找正，管道端口加工平整；法兰安装时用拐尺找正，分上下左右几点焊，防止焊接时热应力拉偏，螺孔位置按压力等情况找正；补偿器必须待管道安装完成固定后，再截取同长段管段进行补

偿器安装。

【问题254】HDPE双壁波纹管安装错误

现象

HDPE双壁玻纹管材安装方法错误。

原因分析

（1）管道砂基础回填不按设计及规范要求密实。

（2）管材连接橡皮圈位置不准确，且接口处泥土、垃圾等异物不清除干净，不使用润滑剂。

（3）管材安装承口方向错误。

（4）管道安装时采用机械强制进位，管节安装不到位或不均匀，以致接口渗漏。

防治措施

（1）管道连接前，应先检验胶圈是否配套完好，由管材生产厂家配套供应。所选用的橡胶圈外观应平整光滑，不允许有气孔、裂缝、卷皱、破损、重皮等缺陷。

（2）确认胶圈安放位置准确，橡胶圈安装的正确位置应在接口第二与第三波纹之间内，安装橡胶圈的数量视设计要求而定，当采用两只橡胶圈时建议两橡胶圈之间隔一个波纹。

（3）接口作业时，应先将承口的内工作面及插口外工作面清理干净，严禁有泥土等杂物，并在承口内工作面和橡胶圈表面涂上润滑剂（一般用肥皂水即可）。

（4）按插入方向为水流方向，可在管端部设置木挡板，用撬棍使被安装的管道沿者对准的轴线徐徐地插入承口内，逐节依次安装。管径不小于400mm的管道可用柔性缆绳系住管道用手动葫芦等提力工具，严禁用施工机械强行推顶管道插入承口。

（5）安装完毕后检查管节插口插入是否到位。

【问题255】高密度聚乙烯（PE）排水管道常见质量问题

现象

（1）管道敷设“甩龙”。

（2）渗漏。

（3）管内积水。

（4）漂管。

（5）管道变形。

防治措施

（1）施工测量、定线严格加以控制，沟槽开挖后，应认真进行复测，基槽合格后方可铺管。铺管前设置中线桩、高程桩等措施控制轴线和标高，其间距以10m为宜。

（2）管道连接前应对管材、管件及附属设备按设计要求进行核对，并应在施工现场进行外观检查，不得有损伤。电热熔带及管道连接部位必须保证清洁，保证热熔连接效果。焊接过程中和焊接后的完全冷却前，不得扰动管口。

（3）严格控制管道纵断面高程，加强测量复核。柔性基础施工根据选用的夯（压）实机具，严格控制虚铺厚度，保证密实度均匀，标准符合规定要求，防止不均匀下沉。严格控制工作坑回填的密实度。

（4）管道铺设后应及时回填。雨期施工注意天气变化，突遇降雨时，在来不及回填的段落的检查井底部开设进水口等临时措施。

（5）管道两侧回填，必须对称分层回填、夯实达到规定的密实度标准。管道施工变形检测中，当管道径向变形率局部不小于5%时，可挖除管区填土，校正后重新填筑；当管道径向变形率大于5%时，应更换管道。

第 17 章　检查井及附属构筑物

17.1　检查井及砌筑质量问题

【问题 256】检查井周边路面损坏或沉陷

现象

检查井周围路面裂缝、下沉（图 17 - 1），井与周边路面高差大或者与纵横坡不一致。随着时间的推移、车辆荷载的不断作用，裂缝不断扩大，沉降不断加剧，严重影响了路面的平整性，降低了道路行车的舒适性、安全性，给行人、车辆带来极大不便。

图 17 - 1　检查井回填土密实度不够

原因分析

（1）设计方面原因。目前我国的检查井主要以刚性材料为主，抗压性能好，而在柔性的沥青混凝土路面中，抗压性能不是太好，所以随着车辆荷载的不断作用，路面会产生不均匀沉降，检查井周边的沥青路面先沉降并且沉降量较大，进而导致周边路面的龟裂、沉陷。与此同时，由于设计时没有完全考虑到不同地段的地面标高不同，当遭遇强降雨等恶劣天气时，部分区域水位可能就会高出路面，地下管道污水就会沿检查井口外溢，溢出的污水会渗进周围的井壁，同时已经产生龟裂的路面也会被浸泡在污水中，这样就更加加快了病害的扩散。

（2）施工方面原因。

1）高程控制有误差。在新建道路中，施工放样不仔细，检查井、雨水井盖框标高偏高或偏低，与路面衔接不平。

2）检查井基坑尺寸不符合施工要求。检查井基坑开挖平面尺寸偏小或不规则，以及检查井周围的回填空间太小，夯实机具无法操作等原因，也加剧检查井病害的发生。

3）检查井砌筑时的质量缺陷。检查井砌筑时，灰缝不饱满，勾缝不严实，也造成检查井出现问题。在配合道路施工升降井壁时，砌筑粗糙且砂浆未达到强度就经受荷载挤压，造成井壁四周砖壁成松动状态。

4）检查井周围回填土质较差。检查井周围回填土，通常是按照路基开挖沟槽后的原状土进行回填。回填时为了节省成本，往往就地取材，对填料不作适当处理，未按照设计图中土质进行回填，回填料质量存在问题等，引起检查井周边下沉。

5）施工流程的影响。随着机械化施工程度的提高，道路基层的施工全部采用机械摊铺。为了保证机械摊铺的顺利进行，使得检查井的砌筑高度不能一次到位，而是先做到与路基平，然后进行临时覆盖进行道路基层材料的摊铺、碾压。在碾压或基层全部做完后，再将掩埋的检查井挖出抬升至要求的标高。这样，在升起部分井桶周围的回填材料的密实度就出现了问题，在回填部位的周围都是碾压密实的路基，由于压实路基的支撑作用，检查井周围的回填材料很难达到要求的压实度，人工夯实也无法满足要求。

（3）交通方面原因。检查井在施工完成后与路面总会有一定的高差，当车辆荷载经过时，井盖不仅要承受车辆的自重，还要承受由于井座与路面物理高差而产生的冲击力，同时会在井盖及周边产生应力集中及应力重分布，在井盖周边产生较大的剪切应力，这样就会加剧井盖的下沉，而剪切力也会造成周边路面的开裂。随着城市车辆的不断增多，大量载重、超重汽车更成了道路中检查井井盖所面临的挑战，井盖周边要承受高于设计荷载数倍的重量，这就更加剧了井盖周边沥青混凝土路面的破坏。

防治措施

（1）提高设计标准，在严格符合国家规定标准的前提下再根据当地具体的实际情况做出调整。要从长远的角度考虑，对当地未来的交通、气候等多种因素进行预测。由于大部分道路中间主要用来行驶车辆，荷载比较大，在设计时可以尽量避开行车道而将其设置在人行道或绿化带中，雨、污水及其他各类专业管线检查井位置的设置宜按人行道、慢车道、快车道的次序设计摆放，应避开公交港湾和交叉口，尽量避开快车道。

（2）井室基础应根据地质勘察报告情况设计，勘察、设计单位应参加地基验槽，当现场地质情况与原设计不符时，设计单位应及时变更设计。

（3）检查井宜采用现浇钢筋混凝土检查井或其他整体性好、强度高、闭水理想、工艺先进的检查井。

（4）井周填料宜使用水泥土或石灰土、砂石，宽度应不小于0.6m。

（5）施工图设计应明确不同位置井盖框的等级，绘制检查井盖框安装大样图。

（6）宜在路面基层位置设置与基层等厚的现浇钢筋混凝土卸荷板，分散应力，减小井周沉降和井周路面的损坏。卸荷板设双层钢筋网，井盖框选用的型号、材质应符合设计要求，行业标记明显，道路上的井室必须使用重型井盖，安装采用膨胀螺栓与卸荷板固定，对卸荷板与基层之间的接缝应进行应力吸收、隔离等形式的防反射裂缝设计。

（7）检查井基础与管道基础应同时浇筑，混凝土基础施工缝应设置在平基位置，必要时在接缝处设置补强钢筋。

（8）管道穿过井壁的施工应符合以下要求：化学建材管道宜采用中介法与井壁洞圈连接；金属类压力管道，井壁洞圈应设套管，管道外壁与套管的间隙应四周均匀一致，其间隙宜采用柔性或半柔性材料嵌密实；接入管道管径大于300mm时，对于砌筑结构井室应砌砖圈加固。

（9）检查井周围路基回填应与沟槽回填同时进行，宜先从井周开始向沟槽方向回填。井周回填压实时应沿井室中心对称进行，回填土粒径不大于2cm，分层压实厚度不大于15cm。

（10）沥青混合料下面层施工时，井口以同口径钢板覆盖，摊铺完后移除钢板，井口修边后安装井盖框，井盖框应逐只精确调整标高、横坡，使之与设计相符，盖框标高调整应使用金属垫片固定。固定井盖框的混凝土宜采用早强混凝土，当采用普通混凝土时，沥青混合料上下面层施工应间隔一定时间（1d以上），以确保固定井盖框的混凝土达到足够强度。

（11）加强后期的管理与维护。市政部门应严查并限制超载车辆的通行，确保荷载在井盖所能承受的范围之内。同时应定期检查巡视，及时发现井盖周边出现的问题并尽快采取补救措施。

【问题257】检查井砌筑质量问题

现象

检查井（图17-2）变形和下沉，井盖安装质量差，井内爬梯随意安装，影响外观及其使用质量。

原因分析

（1）地质条件不良或基底松散土未清除到位。

（2）施工人员对工程质量不重视，操作人员责任心不强。

图17-2 检查井

防治措施

(1) 认真做好检查井的基层和垫层，防止井体下沉。

(2) 检查井砌筑应控制好井室和井口中心位置及其高度，砖井要求灰浆饱满，砂浆标号符合要求。混凝土检查井模板要有足够强度，支撑到位，整体稳定，防止井体变形。

(3) 检查井井盖与井圈要配套，安装时坐浆要饱满，轻重型号和面底不错用。

(4) 井内爬梯安装应严格按照设计图及相关标准图集进行施工，应控制好上、下第一步的位置，挂线安装平面位置应准确。

【问题258】检查井基础未浇成整体

现象

在浇筑管基混凝土时，在检查井的位置只浇筑与管基等宽的基础，待安管后砌筑检查井时，再在原管基宽度的基础上帮宽，以满足检查井基础的宽度要求。如按以上做法，将使检查井基础分成了三块，缺乏整体承载能力，在帮宽的薄弱部分，会发生不均匀下沉，有可能造成井墙掰裂。

原因分析

(1) 在浇筑管道平基混凝土时，检查井的准确位置还没有量测标定出来，只顾浇筑平基，未浇筑检查井基础，造成检查井基础未能与平基同步施工。

(2) 施工指挥人员，统筹安排较差，只注意管道工序，未顾及检查井工序。

(3) 在必须于检查井处设置施工缝或沉降缝时，操作人员没有按规定的工艺要求严格操作，从而降低了检查井基础混凝土的整体性能。

防治措施

(1) 施工管理人员和测量人员，在安排和测设管道平基混凝土的中线和高程的同时，应安排测设检查井混凝土基础位置，使检查井基础与平基混凝土同步施工。

(2) 当检查井基础混凝土与管道平基混凝土必须分两次浇筑时，应按施工缝工艺要求进行处理。施工缝处理工艺如下：

1) 已经硬化的混凝土应凿成斜坡形或台阶形，除掉松动的石子和灰浆，用水再冲洗干净，清除残留水，保持表面湿润。

2) 抹一层10～15mm厚的水泥砂浆，其强度等级及水泥品种，应与基础混凝土相同，然后浇筑混凝土。当管道平基或检查井基础为钢筋混凝土时，施工缝处应补插钢筋，其直径为12～16mm，长度为500～600mm，间距为50mm。

3) 砌筑检查井前必须检查混凝土基础的尺寸、高程和强度，当混凝土强度达到12MPa以上时，方能砌砖。

【问题259】砌砖通缝、鱼鳞缝，圆井收口不均匀

现象

(1) 检查井流槽顶以下部分，组砌混乱（图17-3），流槽的外皮砖与井墙的内皮砖互不咬合，形成井径全周长的通天缝。

图17-3 组砌混乱

(2) 圆形检查井由井室（直径900～1300mm）渐变为井筒（直径700mm）的收口部分，出现竖缝与竖缝之间的间距小于1/4丁砖宽（3cm）的连续鱼鳞缝。

(3) 收口收进的尺寸大小不一致，小到1～2cm，大到7～8cm。

原因分析

（1）检查井下部砌砖容易被操作人员忽视，往往先砌筑井墙，不留槎口，然后堆砌流槽，因此，出现井墙与堆砌的流槽之间形成互不连接的通天缝。

（2）圆形检查井收口部分的砖层，既不同心又不同径，需要六分砖块来满足错缝和每层收进尺寸一致的要求。但是，由于操作人员技术水平低或思想不重视，或打制六分砖块嫌麻烦，容易出现鱼鳞缝和收进尺寸不一致。

防治措施

（1）强化对半成品材料的质量管理，尽量选用质量合格的砖材。同一检查井，应尽量使用同一规格尺寸的砖材。

（2）应使操作者了解，组砌形式为了外观质量好固然重要，更重要的是为了满足砌体强度和承受荷载的需要。因此，不论是砌清水墙、混水墙、还是砌检查井的下部墙、收口部分墙，砖体中两层砖错缝均不得少于1/4砖宽。内外皮砖均需要互相咬合，彼此搭接。打下的半头砖可做填心或做楔形砖用，但必须先铺砂浆后稳砖。

（3）应安排技术水平较高，操作较熟练的人员砌筑检查井。要加强自检，尤其在砌筑圆形检查井收口部分的砖墙时，应层层测量检尺。每层砖收进的尺寸：四面收口时不应大于3cm，三面收口时最大可收进4～5cm。

【问题260】清水墙勾缝不符合要求

现象

清水墙部分的勾缝（图17-4）深浅不一致，竖缝，特别是收口部分的竖缝、下平缝，不平不实。竖缝与水平缝搭接不平顺。墙面被砂浆污染，有的勾缝砂浆开裂，甚至脱落。

图17-4　勾缝

原因分析

（1）清水墙砌砖的同时，没有搂缝或搂缝深度不够，或用大缩口缝砌砖，缝的深浅不一致，使勾缝砂浆难以抹平。竖缝挤浆不严，勾缝砂浆悬空，未与缝内底灰接触，因此竖缝与水平缝搭接不平，容易开裂或脱落。如果砂浆配比中灰量过大，再勾抹不实，也是造成开裂的一个原因。

（2）勾缝前对墙面浇水润湿不够，或根本没有浇水湿润，使勾缝砂浆早期脱水收缩而开裂。墙缝内浮灰没有清理干净，影响勾缝砂浆与灰缝内的砂浆粘结，日后容易脱落。

（3）墙面浇水过湿，勾缝砂浆稠度不合适，使墙面被勾缝砂浆弄脏，清扫过早或过晚，清扫方法不当，致使留下砂浆印痕，污染了清水墙面。

防治措施

（1）勾缝前，必须检查墙体砖缺棱掉角的部位勾缝时予以补齐。检查搂缝深度是否符合要求（搂缝深度 1cm），有没有瞎缝，凡不符合要求的或瞎缝，均应进行开凿，开凿宽度和深度为 1cm，缝口左右应开凿整齐。

（2）勾缝前，应提前浇水湿润墙面和清刷缝内的残浆、浮土和杂物，待缝清净和墙面稍干时再行勾缝。

（3）勾缝应用 1∶1.5 细砂水泥砂浆，砂子应清洁，含泥量不应超过 3%，应过筛，砂浆稠度以勾缝镏子挑起不落为宜。当砂浆塞进缝中，应压实，拉平，赶光。凹缝一般比墙面凹入 3～4mm。

（4）勾完缝后，待砂浆略被砖面吸水起干，即可进行扫缝。扫缝应顺缝清扫，先水平缝、后竖缝，清扫时应不断抖掉笤帚上的砂浆粉粒，以减少对墙面的污染。

（5）冬季勾缝后应注意保温养护。

17.2　检查井附属设施质量问题

【问题 261】井径不圆、盖板人孔不圆、尺寸不符合要求

现象

（1）砌筑清水墙的圆形井筒，砖墙面凹凸不平，有的砌成长圆、桃形和不是一个圆心的螺丝转圆等。

（2）预制或现浇的检查井盖板人孔不圆，人孔立面呈波浪形或锯齿形，直径偏大或偏小。

（3）井径尺寸严重超标，过大或过小。

（4）砌砖体的灰缝，水平缝偏大、竖缝偏小，甚至有瞎缝、空缝。

（5）雨水检查井盖板安装时，抹灰坐浆不合格（图 17-5）。

图 17-5 抹灰坐浆不合格

原因分析

（1）操作人员对砌圆形井的砌筑工艺不熟练，或不重视、不认真，施工管理不严，要求标准过低，圆井砌不圆，方井砌不方，井墙砌不直。

（2）采购预制或现场预制或现场浇筑的检查井盖板，对人孔尺寸和形状控制不严，使用的模板刚度低，出现跑模、胀模，或使用砖模，造成人孔不圆，人孔环形立面波浪形、锯齿形、凹凸不平，会使井筒砌砖跨空（因井筒必须按 ϕ700mm 圆形砌筑）造成结构上的不安全因素（如图 17-6 砌砖跨空示意图所示）。

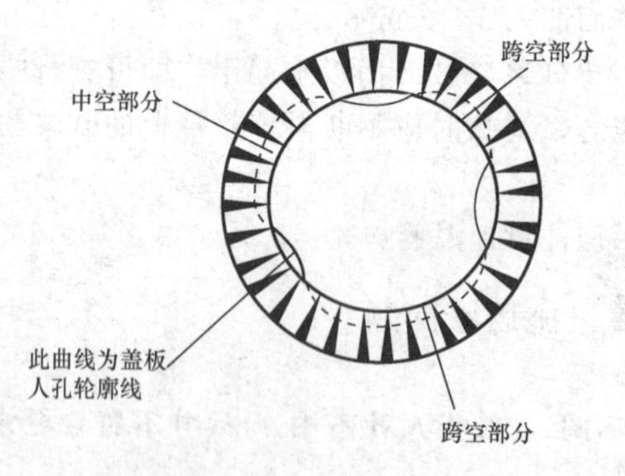

图 17-6 钢筋混凝土检查井人孔盖板砌砖跨空示意图

防治措施

（1）要安排熟练的工人进行砌筑，质量上要严格管理，要做到每一层砖都应该是同心圆的重合，水平缝和竖缝的宽度应按（10±2）mm 控制，井径按±20mm控制，达到墙面平直、圆顺、不游丁走缝、没有通缝。

（2）对采购的预制盖板，不仅要检查其强度、配筋情况、厚度、型号尺寸、底面平整度，而且应该注意对人孔的圆顺度、直径要检尺。

【问题262】流槽不符合要求

现象

（1）雨水流槽高度低于主管半径或高于主管半径。污水流槽做成主管半径流槽或高于全径流槽。

（2）检查井流槽不是与主管同半径的半圆弧型流槽，而是做成梯形流槽。

（3）流槽宽度，有的大于主管直径，有的小于主管直径。

原因分析

（1）施工管理者不懂，或虽懂但未向操作者做好技术交底，或虽交了底，但管理不严。

（2）管理者和操作者对流槽施工不重视，认为只要能流水就行，不必按图施工。

（3）没有掌握各类型式检查井结构图，对检查井型式只一知半解，便指导施工。

防治措施

（1）施工人员必须学透所施工的检查井井型的结构图，并向操作工人作好工序技术交底，在施工过程中注意检查，控制质量。

（2）施工管理者和操作工人要清楚的知道，检查并是排水管道质量检查的窗口，除了管道主体必须做好外，检查井各部位也应做好。

（3）雨水流槽高度应与主管的半径相平，流槽的形状，应为与主管半径相同的半圆弧。污水流槽的高度应与主管管内顶相平，下半径是与主管半径相同的半圆弧，上半径应为自180°切点向上与两侧井墙相平行，既不能比主管管径大又不能比主管管径小。雨污水流槽型式如图17-7（a）、（b）所示。

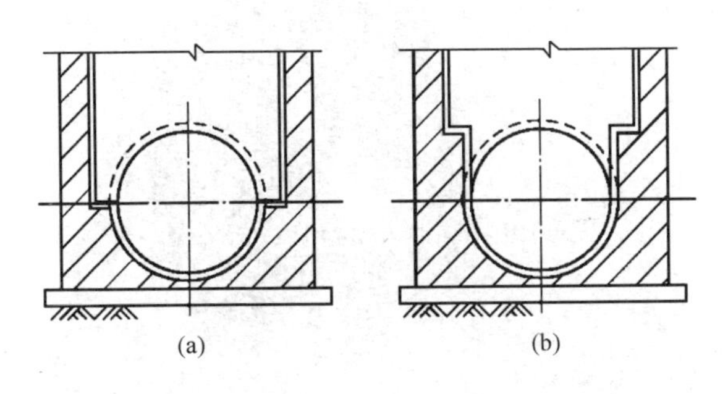

图17-7　雨污水流槽剖面图

（a）雨水检查井流槽剖面；（b）污水检查井流槽剖面

【问题 263】污水管（合流管）跌落差不符合要求

现象

污水管道或雨污水合流管道，在于管两管段之间或支线管、户线管接入干管时两高程差较大，其水流在检查井内形成较大的水头跌落差。

检查井流槽结构是由水泥砂浆砌砖和抹面形成的，常年高水头跌差水流的冲击，将会破坏流槽结构。

原因分析

(1) 设计上的失误，对超过规定跌落差的水流，未设计跌落井。

(2) 施工者不懂得排水管道的规范，或懂得而偷工减料，不按设计施工。

防治措施

(1) 施工排水管渠，应由符合技术资质条件的市政工程专业施工企业来施工。

(2) 施工单位在审阅图纸和学习图纸过程中，应该注意到有无较大水流跌落差（雨水管跌水水头大于 1m，合流管与污水管跌水水头大于 0.5m 时，应设置跌落井或改变接入管坡度，免除跌水水头）。如设计忽略，应提出补充设计。

(3) 跌落井结构型式，主要是把跌水水头跨在主井墙外，使跌水水头不致影响到下井检查和操作。

【问题 264】踏步（爬梯）、脚窝安装、制作不规矩

现象

(1) 铸铁踏步（爬梯）断面尺寸小于设计要求，有的使用钢筋棍弯制踏步（图 17-8）。

图 17-8　将不合格的踏步进行拆除，重新砌筑安装

（2）踏步往井墙上安装，水平间距、垂直间距、外露尺寸忽大忽小，安装不平，在圆形井墙上不向心（踏步的纵向中心线应对准圆形井的圆心）。

（3）踏步不涂防腐漆。

（4）脚窝制作尺寸多数小于设计。

原因分析

（1）铸铁踏步材质不合格，厂家不按标准图的规格尺寸铸造，原因在价格上，谁的产品便宜，谁的就好卖，所以厂家竞相减少铸铁单位使用量，造成断面又窄又薄。

（2）施工单位的技术管理人员和操作人员，对踏步安装的水平间距、垂直间距、外露长度这三个尺寸，脚窝的长、宽、高的制作规格不掌握或掌握不全面。

（3）认识不到检查井踏步防腐涂漆的重要性。

防治措施

（1）关于铸铁踏步的材质问题，它是一种市政工程专用的建材产品，应由地方建设行政管理部门管理起来，纠正材质不合格问题。

（2）关于踏步、脚窝的安装和制作，首先是工程技术管理人员要搞清楚，在做工序交底时，向操作者交待清楚，并检查实际安装、制作效果。

（3）排水管渠检查井的踏步禁止使用钢筋棍制作，必须使用灰口铸铁或球墨铸铁作为踏步的铸造材料。

【问题265】井圈、井盖安装不符合要求

现象

（1）在车行道上对实行五防井盖的专业检查井，不安装五防井盖（防响、防坠落、防盗、防滑、防位移）。对无五防井盖或不要求安装五防井盖的检查井，铸铁井圈往井墙上安装不坐水泥砂浆或坐浆不饱满，或支垫碎砖块、碎石块，经交通运行一段时间后，井圈活动，井周路面破损，井圈下沉移位。

如不安装五防井盖或无五防井盖的检查井不坐灰或坐灰不牢或在车行道上安装轻型井盖，当道路通行一段时间后，检查井就会出现活动、位移、滑动、下沉、碎裂、坠落（井盖掉入井内）等现象，就会发生人坠井、车轮坠井的严重问题。

（2）位于未铺装地面上的检查井安装井圈后，未在其周围浇筑水泥混凝土圈予以固定。

在未铺装的地面上不浇筑水泥混凝土井圈，受地面活动的碰撞，有可能移动错位，致使大量泥土和杂物掉入下水道内，造成淤积、堵塞下水道，危及地

面活动的安全。

（3）型号用错，在有重载交通的路面上安装轻型井盖。

（4）误将污水井盖安装在雨水检查井上或反之，或排水管渠检查井上安装其他专业井盖。

（5）安装井盖过高，高出地面很多；过低，低于原地面，常被掩埋，找不到。盖错井盖或井盖安装较地面过高，或过低掩埋，对管理和养护作业很不方便。

原因分析

（1）因五防井盖较一般井盖造价高，施工者能躲则躲，建设单位、监理单位监管不力。

（2）施工单位不了解或不重视检查井盖的安装在结构质量上和使用功能上的重要性，如井圈必须与井墙紧密连接，以保障井圈在检查井上的牢固性和稳定性，保证地面行人、车辆和其他作业的安全性，而且保护排水管渠不掉入泥土和杂物，保证泄水正常的运行；通过井盖的外露，标志管线的准确位置，防止人为占压；通过井盖的特征，能区别于其他专业设施。因此对检查井盖的安装敷衍了事，以致产生上述诸多现象。

防治措施

（1）施工技术负责人，必须首先掌握安装井盖在结构质量和使用功能上的重要性，加强对工程管理人员和操作工人的教育和交底。

（2）井圈与井墙之间必须坐水泥砂浆。未经铺装的地面上的检查井，周围必须浇筑水泥混凝土圈，要露出地面，在农田和绿地中要较地面高出20～30cm。

第18章　管道渗漏水及闭水试验

18.1　管道渗漏水

【问题266】渗水量计算错误

现象

排水管道在作闭水试验时，目测时管道各部位及检查井周围渗水很少，而计算数据却超过标准。

原因分析

（1）管道内串水，或浸泡时间不够，即进行闭水试验和用错了某因数的计量单位。

（2）用错了实际渗水量计算公式，或用错了允许渗水量标准。

防治措施

（1）做好试验前的准备工作。试验前，需将灌水的检查就井内支管管口和试验管段两端的管口，用1∶3水泥砂浆砌24cm厚的砖墙堵死，并抹面密封，待养护3～4d达到一定强度后，在上游检查井内灌水，当水头达到要求高度时，检查砖堵、管身、井身，有没有漏水或严重漏水，如有严重渗漏应进行封堵，待浸泡24h后，再观测渗水量。

（2）试验前，应测准试验段的管道直径、长度和检查井的规格尺寸，以及相应的允许渗水量标准，熟练掌握公式（18-1）并正确运用各因数的计量单位。

$$\text{允许渗水量} = \sqrt{H/2} \times \text{该管径允许渗水量} \tag{18-1}$$

式中　H——实际水头高度。

带井闭水的检查井本身的渗水量，应将其容积折算成当量管道长度，加入闭水管段长度L后进行计算。并按井室高度不同水头不同而使用公式（18-2）进行折算。

$$Q = 48q \times \frac{1000}{L} \tag{18-2}$$

式中　Q——每km管道每24h的渗水量，$m^3/(km \cdot d)$；

q——设定闭水时间实际渗水量，m^3；

L——闭水管段长度，m。

当计算出$Q \leqslant$允许渗水量时，试验即为合格。

【问题 267】 管道渗漏水，闭水试验不合格

现象

管道渗漏水、闭水试验不合格。

原因分析

(1) 管道基础条件不良、施工质量差，导致管道和基础出现不均匀沉陷，造成局部积水，严重时会出现管道断裂或接口开裂。

(2) 管材质量差，在外力作用下产生破损或接口开裂。

(3) 管道接口填料及施工质量差，存在裂缝或局部松散，抗渗能力差，容易产生漏水。

(4) 检查井施工质量差，井壁和与其连接管的结合处渗漏。

(5) 闭水封口不密实。

防治措施

(1) 管道基础条件不良、施工质量差，导致管道和基础出现不均匀沉陷，造成局部积水，严重时会出现管道断裂或接口开裂。防治措施是：

1) 认真按设计要求施工，确保管道基础的强度和稳定性。当地基地质水文条件不良时，应进行换土改良处治，以提高基槽底部的承载力。

2) 如果槽底土壤被扰动或受水浸泡，应先挖除松软土层后和超挖部分用杂砂石或碎石等稳定性好的材料回填密实。

3) 地下水位以下开挖土方时，应采取有效措施做好抗槽底部排水降水工作，确保干槽开挖，必要时可在槽坑底预留 20cm 厚土层，待后续工序施工时随挖随清除。

(2) 管材质量差，存在裂缝或局部混凝土松散，抗渗能力差，易产生漏水。防治措施是：

1) 所用管材要有质量部门提供合格证和力学试验报告等资料。

2) 管材外观质量要求表面平整无松散露骨和蜂窝麻面形象。

3) 安装前再次逐节检查，对已发现或有质量疑问的应责令退场或经有效处理后方可使用。

(3) 管接口填料及施工质量差，管道在外力作用下产生破损或接口开裂。防治措施是：

1) 选用质量良好的接口填料并按试验配合比及合理的施工工艺组织施工。

2) 抹带施工时，接口缝内要洁净，必要时应凿毛处理，再按照施工操作规程认真施工。

(4) 检查井施工质量差，井壁和与其连接管的结合处渗漏，防治措施是：

1）检查井砌筑砂浆要饱满，勾缝不遗漏；抹面前清洁和湿润表面，抹面时及时压光收浆并养护；遇有地下水时，抹面和勾缝应随砌筑及时完成，不可在回填以后再进行内抹面或内勾缝。

2）与检查井连接的管外表面应先湿润且均匀刷一层水泥原浆，并坐浆就位后再做好内外抹面，以防渗漏。

（5）规划预留支管封口不密实，因其在井内而常被忽视，如果采用砌砖墙封堵时，防治措施是：

1）砌堵前应把管口0.5m左右范围内的管内壁清洗干净，涂刷水泥原浆，同时把所用的砖块润湿备用。

2）砌堵砂浆标号应不低于M7.5，且具良好的稠度。

3）勾缝和抹面用的水泥砂浆标号不低于M15。管径较大时应内外双面勾缝和抹面，较小时可做外单面勾缝或抹面。抹面应按防水的5层施工法施工。

4）一般情况下，在检查井砌筑之前进行封砌，以利保证质量。

（6）闭水试验不合格，防治措施是：在渗漏处一一作好记号，在排干管内水后进行认真处理。对细小的缝隙或麻面渗漏可采用水泥浆涂刷或防水涂料涂刷，较严重的应返工处理。严重的渗漏除了更换管材、重新填塞接口外，还可请专业技术人员处理。处理后再做试验，如此重复进行直至闭水合格为止。

18.2　闭水试验

【问题268】闭水试验达不到标准

现象

（1）准确计算结果，实际渗水量大于允许渗水量。

（2）试验管段多处漏水，如管堵、井墙、管带接口、管皮与井墙接缝、混凝土基础、混凝土管座以及管材本身等处。

管道做成进行闭水试验（图18-1）工序时，管道漏水达不到允许渗水量标准，其堵漏是相当费时费力的，必要时还需将已灌满的水放掉，待修好后重灌。特别是在接口下部隐蔽性漏水直接渗入地下，很难找到，将造成很大的困难和工期损失、经济损失。

原因分析

（1）砖砌闭水管堵、砖砌井墙，灰缝砂浆饱满度不够，水泥砂浆抹面不严实，或砌筑砂浆未凝固。现浇或预制钢筋混凝土检查井井墙和混凝土基础有蜂窝或孔洞。

（2）管材本身有裂纹或裂缝。制造管材的模板接缝处漏浆，致使接缝处混

图18-1 做闭水试验

凝土不密实或管身其他个别处混凝土有孔隙，或使用断级配骨料本来就有空隙的挤压管做污水管，导致漏水。

(3) 接口管带裂缝空鼓，管带与管座结合处不严密，抹带砂浆与管座混凝土未结合成一体，产生裂缝漏水。

(4) 小管径（ϕ600以下）在平基管座包裹的管子接口范围，混凝土不密实，在接口处有隐蔽性的渗漏。

防治措施

(1) 严格选用管材，污水管不得使用挤压管。对从外观检查，有裂纹裂缝的管材，不得使用，疑有个别处混凝土不密实或模板缝有漏浆的，要作水压试验，证明不漏水，再送往工地使用。

(2) 在浇筑混凝土管座时，管节接口处要认真捣实。大管径（ϕ700以上）在浇筑混凝土管座及抹带的同时，应进入管内将接口处管缝勾抹密实。对四合一（管基、管座、安管、抹带四工序合一同步进行）施工的小管径（ϕ600以下，因不能勾抹内缝）管，在浇筑管基、管座混凝土时，靠管口部位应铺适量抹带的水泥砂浆，以防接口在隐蔽处漏水。

(3) 限制使用不大于500mm（北京市不大于600mm）混凝土和钢筋混凝土平口管，以接口不易渗漏的钢筋混凝土承插口管和塑料性能管材（小区用）来代替。

(4) 砖砌闭水管堵和砖砌检查井及抹面，应做到砂浆饱满。砖砌体与管皮接触处（发璇部分）、安装踏步根部、制作脚窝处砂浆更应饱满密实。

(5) 抹管带前，在管口处涂抹一层与管带宽度基本相同的107胶，使管带与管外皮能紧密粘结，对防止管带漏水也有较大作用。

(6) 严重漏水的管段，一般均应返工修理。但由于管材、管带、管堵、井墙等有少量渗水，一般可用防水剂配制水泥浆封堵渗水部位即可。涂刷或勾抹前，应将管道内的水排放干净。

【问题269】不做闭水试验或在回填土后做闭水试验

现象

常因强调工期紧，影响交通，影响上面做路等客观原因，而先行填土，然后补作闭水试验。

原因分析

（1）首先是施工单位不坚持规范要求，怕麻烦，图省事，借机达到不作闭水的目的。而没有采取必要的经济技术措施保证闭水试验的进行。

（2）行政干预，抛开规范要求不管，不惜留下管道渗漏污染地下水源的后患，图一时按期竣工的方便。

（3）地方质量管理和质量监督部门宣传坚持不力，对施工单位管理监督不严。

防治措施

（1）对工期有着严格要求的工程，施工单位应事先在施工组织设计中，采取行之有效的技术、经济措施，以保证闭水试验的实施。

（2）地区设施主管部门和质量监督部门，应做好宣传、报告工作，以取得工程领导的理解和支持。对于施工单位不愿执行或拒绝执行的，应坚决执法行事，杜绝这种不良风气的滋生。

（3）推行管道闭气，这种工艺，可以节省时间、人力、水源。北方的冬季也可施行。

第19章　排水设备安装

19.1　设备基础

【问题270】设备基础定位偏差

现象

设备基础中心线或标高尺寸与设计偏差均大于规程允许范围，给设备安装定位带来不便甚至重新处理。

原因分析

(1) 设备基础定位错误。

(2) 施工时模板走动。

防治措施

(1) 施工前严格按照施工图校对和放样，仔细核对基础轴线，找准基础平面和标高尺寸。施工时，模板尺寸按图配作，安置模板和施工浇灌要认真操作，防止模板走动。

(2) 修正平面位置，可采用适当扩大地脚螺栓预留孔尺寸或略改动地脚螺栓位置的方法。

(3) 平面位置需作较大修改时，按图返工。

(4) 基础标高过高时凿去多余部分；标高过低用混凝土加高，加高层焊有钢筋与原基础牢固结合。

【问题271】设备预留地脚螺栓孔偏差

现象

预留地脚螺栓孔尺寸位置不准。

原因分析

(1) 设备定型滞后土建难以等待。

(2) 灌浆时，预留孔木盒走动或散架。

防治措施

(1) 施工前要仔细核对尺寸，施工时保持螺栓垂直。

(2) 预留孔木盒要采取可靠措施防止其走动散架，拆除木盒时，彻底清除孔内垃圾杂物。

（3）预留孔位置偏差时，修正后，才能安置地脚螺栓并浇灌混凝土。

【问题272】安装后地脚螺栓的螺纹损坏

现象

脚螺栓螺纹粘有油污或水泥等，螺纹有破损、断牙或缺牙。

原因分析

施工时未采取措施保护螺纹。搬运其他物品时碰坏。

防治措施

（1）保护地脚螺栓的措施有把螺纹用旧布包扎保护或拧上螺母等。

（2）发现螺纹被污损，应立即清除，否则待水泥或污油固化后，不仅不易清除，螺母不能上紧，还会腐蚀螺栓。螺纹有破断时，应用螺纹板牙重新整理。

【问题273】垫铁组数量规格不符合要求，布置位置不合理

现象

垫铁组的总面积和放置位置不合理，垫铁不能合理承受设备动静负载和保持设备运行时的稳定。

原因分析

（1）对设备，特别是大型或重要设备所需放置的垫铁组的数量及放置位置，没有经过认真计算。

（2）对设备垫铁安置的基本要求不了解，没有按照设备的结构特点和重心位置布置垫铁。

防治措施

（1）放置垫铁类型规格及组数，应根据设备具体结构和负荷，进行校核。安全系数取1.5～3。

（2）二次灌浆前，经核算认定垫铁面积不够的，可增加垫铁组数或调换成有足够总面积的垫铁组；需浇灌二次灌浆的，则必须凿去灌浆层，进行返工。

（3）安装前，根据设备的负载和结构形式，计算好垫铁的总面积及垫铁组数量后，还应将所有垫铁组合理布置。

（4）如果由于垫铁安放位置不合理，导致设备失去稳定性，运行时必将产生异常振动。因此，必须重新合理布置安装，一般情况下，地脚螺栓两侧、设备底座有加强筋的部位等位置，均应放置垫铁，使基础承受均匀负荷。

【问题 274】调节螺钉使用不当

现象

设备找平时调整情况不稳定，调整完毕，用等高垫铁转换后，设备水平度也发生变化。

原因分析

所用的支承板厚度和调节螺钉的直径都太小，支承板放置也不稳固。置换的垫铁组中，个别垫铁相互接触不好。

防治措施

（1）作为调节螺钉支承用的支承板的厚度应大于调节螺钉的直径，调节螺钉的实际调节量又小于调节螺钉的直径；支承板在放置时，底面应清理干净，才能搁置稳固和保持水平。

（2）用调节螺钉校正设备水平度时，对水平度的控制应高于施工规程或质量标准要求；置换垫铁组内各垫铁，应经过表面除锈处理，保持表面干净平整，各垫铁组高度应严格控制在一个尺寸。

（3）更换调节螺钉或支承板，对放置支承板和垫铁的部位彻底清理干净。

（4）更新校正设备的水平度，转换合格的垫铁组，最好是表面经过刨刷加工的垫铁块。

【问题 275】二次灌浆质量不佳

现象

二次灌浆层脆裂，与设备底座剥离，基础整体性差，表面粗糙、麻面、裂纹等。

原因分析

（1）混凝土拌和比例不准确，搅拌不均匀、拌和时间太少，浇捣时未装模板、填捣不密实。

（2）二次灌浆部位未铲麻面或凿毛，新、老混凝土未能结合成整体。

（3）抹面砂浆中水泥含量太少，抹面厚度不够。表面未平整压光。

防治措施

（1）按规范配置拌料，振捣密实。

（2）处理灌浆部位清理垃圾和油污，麻面的大小和间距均要根据基础的大小或灌浆层的重要程度而定；基础的棱角处，应处理成凹凸状，使灌浆层更牢固。

（3）抹面砂浆的配比要适当；尺寸和厚度都要符合设计和规范要求；抹面要密实，表面要光滑平整，并应有一定坡度。

（4）凿除问题部位，重新浇筑。

19.2　排水设备

【问题276】设备未经清洗，导致不能正常运行使用

现象

设备未经拆卸和清洗，安装后不能正常运行使用。

原因分析

出厂时间较长已超期限；或运输和仓库中保管不善，内部已有生锈或润滑油、防锈材料发生干枯现象，导致设备不能正常运转。

防治措施

（1）除设备文件中有明确规定不准拆卸的之外，凡设备出厂后到安装时的间隔已超过期限或发生锈蚀的，均应在安装前进行拆卸和清洗。

（2）对设备拆卸解体，清洗所有零部件，清除干枯的润滑油和防腐涂料，再重新安装运行。

【问题277】滚动轴承运行时过热

现象

滚动轴承运行时，轴承工作温度和温升超过允许范围的，均应认为是轴承过热。

原因分析

（1）轴承内润滑脂过多或过少甚至干枯；润滑油油量不够。

（2）润滑油品种或牌号不符要求。

（3）轴承安装存在问题或轴承内部有杂物。

（4）润滑油冷却系统装置有故障。

防治措施

（1）在滚动轴承内加注润滑脂时，加注量应为整个轴承腔体内的1/2～2/3；过多或过少都会引起轴承过热；如用润滑油润滑，在运行时油箱内的油位应不低于油标最低油位线。

（2）不同场合、季节，应该用不同的油品，应按照设备使用说明书规定选用润滑油或润滑脂。

(3) 轴承安装必须到位、配合正确、间隙适当。

(4) 润滑油系统冷却水装置，内部应无垃圾水垢，冷却水不短路或断路。

(5) 重新更换加注适量润滑脂、油。按工作要求、季节或说明书规定更换润滑油或润滑脂。

(6) 轴承装配不当，必须拆下重新装配调整，必须符合设计或规程要求。

【问题 278】滚动轴承运行时发生异常振动

现象

设备运行时，轴承发生持续的异常振动。

原因分析

(1) 轴承安装有问题，装得不正或歪斜卡住、转动不灵活。

(2) 轴承内部有异物甚至有故障。

(3) 使用的润滑油或润滑脂品牌不对、油温过低或过高。

(4) 机组地脚螺栓有松动，垫铁未垫实。

防治措施

(1) 装配轴承时，一根轴上的几个轴承必须保持良好的同心度，轴承的径向或轴向间隙应符合轴承装配和定位的要求；轴承安装前后，都需试着转动几下，应灵活无卡阻。

(2) 轴承安装前，应进行检查和清洗，及时去掉内部杂物或更换带缺陷的轴承。

(3) 油、脂的黏度过高或过低，油、脂温度的过高或过低，都会引起轴承振动。因此，润滑油的品牌必须按照设备要求规定的品牌、型号和标号加注。

(4) 设备安装完工前，一定要仔细检查各处地脚螺栓的垫铁。不得松动，不得有明显间隙。

(5) 调整轴系，更换磨损轴承。

【问题 279】联轴节颈向偏差超过允许范围

现象

用联轴节串联两台设备，其颈向偏差超过允许范围，即同轴度较差，引起轴承磨损、设备振动甚至损坏。

原因分析

两半联轴节对中校调方法不合理，过于简单粗糙。

防治措施

（1）联轴节的对中校调，应尽量使用专用工具。

（2）校调先将两半联轴节连接，装上专用工具，或在联轴节外圆上均匀划分成四等分，转动联轴节时观察两个百分表的读数并做好记录，四个等分应有四组读数，当联轴节转动到起始位置时，百分表读数也应该回复到起始的零位，而且百分表的读数 A_1+A_3 应该等于 A_2+A_4；B_1+B_3 应该等于 B_2+B_4，如不符合上述情况，应检查两半联轴的连接、专用工具和百分表的安装是否正确牢固。调整后重新转动测量。颈向偏差的计算方法为：$A_x=(A_2-A_4)/2$；$A_y=(A_1-A_3)/2$。A 为两半联轴节实际的颈向偏差数。

（3）几种不同类型的联轴节同轴度的允许颈向偏差分别为：刚性联轴节为不大于0.03mm；柔性爪型联轴节为0.10～0.20mm。

（4）尽量使用专用工具和正确的测量方法重新校调，并符合规定的要求。

【问题280】联轴节轴向偏差超出允许范围

现象

两半联轴节的轴向偏差过大和墙面间隙太大或太小，引起机组运行时异常振动。

原因分析

校调方法不合理，对整体安装直联的小型设备的间隙未经检查调整。

防治措施

（1）对整体安装、直接连接的小型设备，在整体就位后，需检查其轴向偏差和轴向间隙。

（2）对于有共同底座的整体安装的小型机组，安装时仍需检查其轴向间隙情况，必要时，应进行调整，直到符合要求为止。

（3）尽量使用专用工具和正确方法进行测量、调整。

（4）整体安装的小型机组，可用改变电动机固定螺栓位置或底脚定位槽的方法来调整端面间隙。

【问题281】传动带安装固定张紧程度调节不当

现象

传动皮带或链条张紧不均匀，受力不均。长带打滑、跳动，短带绷得过紧；长链与链轮产生干涉，短链负荷过重。运转不稳定，产生跳动和振动。

原因分析

（1）使用皮带或链条的尺寸、型号、规格或新旧程度不同。

（2）安装时两个传动轮轴或传动轮槽不平行。

防治措施

（1）安装传动轴和轮时，应保证其平行或对齐；同一传动副中的皮带或链条的型号、规格应一致。

（2）仔细调整传动轴和轮的平行度，皮带槽口对齐；皮带或链条的尺寸、型号、规格、新旧程度应一致。

（3）准确利用张紧装置调整皮带或链条的张紧力。

【问题282】皮带跑偏

现象

（1）皮带传动中三角皮带单边与皮带槽接触，磨损严重，急剧损坏。

（2）平板皮带总向一端跑动，影响安全使用。

原因分析

（1）两个三角皮带轮轮槽不在一直线上，或者槽的宽度不一致。

（2）平板皮带（包括齿形皮带等）的两根传动轴平行度不好，跑偏一端的皮带轮外圆可能有锥度。

防治措施

（1）在调整两个三角皮带轮的相互位置时，应使两轮的轮槽处于同一直线平面。

（2）一副皮带传动副中的皮带轮槽的宽度、深度和角度规格应一致。

（3）皮带传动的两根传动轴的平行度的允许偏差为0.5/1000～1/1000。带轮外圆的皮带槽加工应有相应的要求。

（4）重新调整皮带轮的相互位置。

（5）更换与槽一致的皮带。

参 考 文 献

[1]《建筑施工手册》(第五版) 编委会. 建筑施工手册 1 [M]. 北京: 中国建筑工业出版社, 2012.

[2]《建筑施工手册》(第五版) 编委会. 建筑施工手册 2 [M]. 北京: 中国建筑工业出版社, 2012.

[3]《建筑施工手册》(第五版) 编委会. 建筑施工手册 3 [M]. 北京: 中国建筑工业出版社, 2012.

[4]《建筑施工手册》(第五版) 编委会. 建筑施工手册 4 [M]. 北京: 中国建筑工业出版社, 2012.

[5] 彭圣浩. 建筑工程质量通病防治手册 (第四版) [M]. 北京: 中国建筑工业出版社, 2014.

[6] 广州市建设工程质量监督站等. 建筑工程质量通病防治手册 [M]. 北京: 中国建筑工业出版社, 2012.

[7] 北京土木建筑学会. 地基基础工程施工技术·质量控制·实例手册 [M]. 北京: 中国电力出版社, 2008.

[8] 北京土木建筑学会. 钢结构工程施工技术·质量控制·实例手册 [M]. 北京: 中国电力出版社, 2008.

[9] 北京土木建筑学会. 混凝土结构工程施工技术·质量控制·实例手册 [M]. 北京: 中国电力出版社, 2008.

[10] 北京土木建筑学会. 装饰装修工程施工技术·质量控制·实例手册 [M]. 北京: 中国电力出版社, 2008.

[11] 中国建筑科学研究院、中铁建设集团有限公司. 建筑工程裂缝防治技术规程 (JGJ/T 317—2014) [S]. 北京: 中国建筑工业出版社, 2014.

[12] 本书编委会. 新版建筑工程施工质量验收规范汇编 (第三版) [M]. 北京: 中国建筑工业出版社, 2014.